Análise Estatística da Decisão

A Lei de Direito Autoral
(Lei nº 9.610 de 19/2/98)
Título VII, Capítulo II

Das Sanções Civis

Art. 102. O titular cuja obra seja fraudulentamente reproduzida, divulgada ou de qualquer forma utilizada, poderá requerer a apreensão dos exemplares reproduzidos ou a suspensão da divulgação, sem prejuízo da indenização cabível.

Art. 103. Quem editar obra literária, artística ou científica, sem autorização do titular, perderá para este os exemplares que se apreenderem e pagar-lhe-á o preço dos que tiver vendido.

Parágrafo único. Não se conhecendo o número de exemplares que constituem a edição fraudulenta, pagará o transgressor o valor de três mil exemplares, além dos apreendidos.

Art. 104. Quem vender, expuser à venda, ocultar, adquirir, distribuir, tiver em depósito ou utilizar obra ou fonograma reproduzidos com fraude, com a finalidade de vender, obter ganho, vantagem, proveito, lucro direto ou indireto, para si ou para outrem, será solidariamente responsável com o contrafator, nos termos dos artigos precedentes, respondendo como contrafatores o importador e o distribuidor em caso de reprodução no exterior.

OTTO RUPRECHT BEKMAN

M.S. (Industrial Engineering – Stanford)
PhD. (Engineering-Economic Systems – Stanford)
Foi Professor da Escola Politécnica da USP

PEDRO LUIZ DE OLIVEIRA COSTA NETO

M.E. (Escola Politécnica – USP)
M.S. (Industrial Engineering – Stanford)
Doutor em Engenharia (Escola Politécnica – USP)
Professor Titular do Programa de Pós-Graduação
em Engenharia de Produção da Universidade Paulista
Foi Professor da Universidade de Campinas, Escola Politécnica da USP,
Escola de Engenharia Mauá, Escola de Administração de Empresas de São Paulo
e Instituto de Ensino de Engenharia Paulista

Análise Estatística da Decisão

2ª edição

www.blucher.com.br

Análise estatística da decisão
© 2009   Otto Ruprecht Bekman
              Pedro Luiz de Oliveira Costa Neto
2ª edição – 2009
1ª reimpressão – 2013
Editora Edgard Blücher Ltda.

Blucher

Rua Pedroso Alvarenga, 1245, 4º andar
04531-012 – São Paulo – SP – Brasil
Tel 55 11 3078-5366
contato@blucher.com.br
www.blucher.com.br

Segundo Novo Acordo Ortográfico, conforme 5. ed. do *Vocabulário Ortográfico da Língua Portuguesa*, Academia Brasileira de Letras, março de 2009.

É proibida a reprodução total ou parcial por quaisquer meios, sem autorização escrita da Editora.

Todos os direitos reservados pela Editora Edgard Blücher Ltda.

FICHA CATALOGRÁFICA

Bekman, Otto Ruprecht,
   Análise estatística da decisão / Otto Ruprecht Bekman, Pedro Luiz de Oliveira Costa Neto – 2. ed. – São Paulo: Blucher, 2009.

   Bibliografia.
   ISBN 978-85-212-0468-8

   1.Decisões estatísticas 2. Decisões – Teoria estatística bayesiana I. Costa Neto, Pedro Luiz de Oliveira II. Título

09-02559   CDD-519.5

Índices para catálogo sistemático:
1. Decisões estatísticas: Matemática 519.5

Esta segunda edição é dedicada à memória do saudoso Prof. Otto Ruprecht Bekman, PhD
(1940-1988)

PREFÁCIO À SEGUNDA EDIÇÃO

Esta segunda edição surge 29 anos após o lançamento da primeira. Nesse longo período, certamente o arsenal da Análise Estatística da Decisão foi consideravelmente enriquecido e turbinado, aí se incluindo poderosas armas computacionais para auxiliar a resolução dos problemas. Entretanto, os fundamentos dos modelos tratados no presente livro permanecem os mesmos, o que certamente justifica a reedição da obra.

Lembramos que o livro original resultou do esforço conjunto de um mestre e um discípulo, respectivamente o prezado, brilhante e saudoso Prof. Otto Ruprecht Bekman, PhD pela Universidade de Stanford, Califórnia, e este redator, que dele foi aluno na disciplina correspondente nos cursos de pós-graduação da Escola Politécnica da USP. Dessa união surgiu o livro claramente dividido em duas partes, uma dirigida ao nível de graduação, organizada principalmente por nós, que engloba os capítulos 1 a 4, e a outra, ao nível de pós-graduação, organizada pelo Otto, que engloba os capítulos 5 a 7. Nesta segunda parte é onde certamente diversas novidades teóricas surgiram nas últimas décadas, sem desmerecer a qualidade e quantidade de informações já colocadas desde a primeira edição. Por variadas razões, resistimos a qualquer tentação de procurar atualizar esse ferramental, o que demandaria um esforço talvez somente justificável se feito por alguém com os conhecimentos do desaparecido mestre.

Sendo assim, nesta segunda edição este redator se concentrou em uma revisão mais acurada dos capítulos 1 a 4, inclusive acrescentando respostas aos exercícios, e na inclusão de um apêndice sobre os conceitos básicos da Teoria dos Jogos, um ramo da Matemática que tem crescido em importância por suas aplicações a problemas do mundo moderno globalizado. Acreditamos que a não inclusão das respostas aos exercícios dos capítulos finais seja compatível com o desafio que eles encerram e com a discussão que podem trazer aos estudantes e pesquisadores interessados nos respectivos assuntos.

Cumprimentamos a Editora Blucher pela sua disposição em reeditar esta obra dirigida a um público seleto, certamente por compreender a sua importância e nos dando, desta forma, a oportunidade de oferecer este preito à memória do inesquecível colega, amigo e mestre que tão cedo nos deixou.

Pedro Luiz de Oliveira Costa Neto

PREFÁCIO À PRIMEIRA EDIÇÃO

A ideia de publicar este trabalho nasceu do fato de, há vários anos, havermos lecionado Teoria da Decisão em cursos ao nível de graduação e pós-graduação ministrados regularmente na Escola Politécnica da Universidade de São Paulo e na Escola de Administração de Empresas da Fundação Getúlio Vargas.

Sentíamos, por esta razão, a necessidade de se contar com um texto razoável em língua portuguesa, especialmente para apoio às aulas de graduação. Ao mesmo tempo, crescia a quantidade de material sobre o assunto que tínhamos em mãos como consequência direta dos cursos ministrados. Isso nos estimulou a iniciar o processo de transformação desse material no presente livro, processo que, como sói ocorrer em tais casos, se revelou mais árduo do que supúnhamos a princípio.

A dificuldade maior residiu, talvez, no fato de havermos decidido realizar um trabalho que se prestasse tanto ao nível de graduação quanto ao de pós-graduação. Entretanto, apesar de a conciliação não ser fácil de se obter, acreditamos haver chegado ao meio-termo satisfatório.

Dessa forma, temos, nos capítulos iniciais, o conteúdo básico para um curso de iniciação. Assim, além do capítulo introdutório, fazemos no Capítulo 2 uma revisão dos conceitos e das propriedades fundamentais do Cálculo de Probabilidades. Nesta revisão, ênfase especial é dada ao Teorema de Bayes por sua importância fundamental à Teoria da Decisão e pelo fato de ser este teorema em geral tratado superficialmente nos cursos regulares de probabilidade, quando não totalmente ignorado.

No Capítulo 3 são apresentados os conceitos básicos da Análise de Decisão, além da ferramenta mais importante – a árvore da decisão.

O Capítulo 4 versa sobre a Teoria da Utilidade, de grande importância para a adaptação dos procedimentos anteriormente vistos às situações reais.

Esses quatro primeiros capítulos do livro encerram a essência do que seria um curso introdutório sobre o assunto. Nos capítulos restantes, conforme já se frisou, o nível da exposição se dirige a estudantes de nível mais avançado, não significando, porém, que alguns tópicos não possam ainda servir como complementação a um curso básico. Pela própria natureza desses capítulos, sua apresentação pressupõe que o leitor possua já conhecimentos generalizados de Probabilidade e Estatística.

No Capítulo 5, diversas discussões interessantes, envolvendo o problema da utilidade, são apresentadas. Este capítulo se insere, portanto, ainda dentro da infraestrutura teórica do que poderíamos chamar de Teoria da Decisão propriamente dita.

Nos dois últimos capítulos do livro, dedicados à Inferência Bayesiana e a uma de suas importantes ferramentas, as distribuições conjugadas, escapamos um pouco do terreno específico da análise decisória para nos enfronhar no campo da Estatística, vista sob o prisma bayesiano. Isso, entretanto, não significa que nos tenhamos afastado do tema-título do trabalho, pois toda a teoria estatística, a rigor, não se justificaria se não encarada, em última análise, como um instrumento de decisão. A inclusão desses capítulos como fecho do trabalho justifica-se pelo fato de manterem estreita relação com assuntos anteriormente desenvolvidos.

Não pretendemos, é claro, esgotar o assunto, mas, simplesmente, colaborar para sua divulgação e oferecer material de apoio e referência aos que a ele se dediquem na docência ou em pesquisa. A bibliografia internacional, já relativamente grande sobre Teoria de Decisão, deverá complementar as informações aos que o necessitem, mesmo porque vários aspectos correlatos ao problema decisório, como, por exemplo, os aspectos psicológicos envolvidos, não foram objeto deste trabalho.

Otto Ruprecht Bekman
Pedro Luiz de Oliveira Costa Neto

CONTEÚDO

- 1. Introdução 1

- 2. Revisão de Probabilidades 5

   2.1 Espaço amostral. Eventos 5
   2.2 Probabilidade 6
   2.3 Probabilidade condicionada. Eventos independentes 8
   2.4 Lei da probabilidade total. Teorema de Bayes 11
   2.5 Variáveis aleatórias. Média e variância 20
   2.6 Distribuições de probabilidades comuns 22
   2.7 Exercícios propostos 26

- 3. Introdução à Teoria da Decisão 29

   3.1 O caso do jogo de futebol 29
   3.2 O critério de maximização do valor esperado 30
   3.3 Solução geral do problema 31
   3.4 Clarividência ou informação perfeita 33
   3.5 Experimentação 34
   3.6 Forma normal de análise 37
   3.7 Estratégias puras e mistas 37
   3.8 Dominância e admissibilidade 38
   3.9 Solução pela análise da forma normal 40
   3.10 Outros critérios de decisão 42
   3.11 Exercícios propostos 43

- 4. Teoria da Utilidade 52

   4.1 Introdução 52
   4.2 O equivalente certo 54
   4.3 Axiomas da Teoria da Utilidade 55
   4.4 Determinação da função de utilidade 56
   4.5 O problema de João com utilidade 59
   4.6 Exercícios propostos 61

- 5. Mais sobre a Teoria da Utilidade 66
    - 5.1 Considerações gerais 66
    - 5.2 Coeficiente de aversão ao risco 67
    - 5.3 Função de utilidade exponencial 68
    - 5.4 Utilidade logarítmica 69
    - 5.5 Utilidade raiz quadrada 70
    - 5.6 Utilidade quadrática 71
    - 5.7 Valor da experimentação com utilidade 71
    - 5.8 Loterias contínuas 72
    - 5.9 Expressão aproximada para $\tilde{X}$ 73
    - 5.10 Preço de compra e preço de venda 74
    - 5.11 A "bomba de dinheiro" 75
    - 5.12 O problema do seguro 77
    - 5.13 A divisão do risco 78
    - 5.14 O elemento tempo 81
    - 5.15 Exercícios propostos 83

- 6. Inferência Bayesiana 90
    - 6.1 Introdução 90
    - 6.2 Generalizações do Teorema de Bayes 91
    - 6.3 O significado do Teorema de Bayes para a Inferência Estatística 92
    - 6.4 Interpretação dos termos da fórmula de Bayes 95
    - 6.5 Princípios da máxima verossimilhança e de Bayes 96
    - 6.6 Inferência Bayesiana com função de perda quadrática 98
    - 6.7 O procedimento geral 98
    - 6.8 Teorema da conservação da variância 101
    - 6.9 Exercícios propostos 103

- 7. Distribuições Conjugadas 105
    - 7.1 Estatísticas suficientes 105
    - 7.2 Famílias conjugadas 106
    - 7.3 O processo de Poisson 109
    - 7.4 O processo normal 112
    - 7.5 Tamanho da amostra 117
    - 7.6 Exercícios propostos 119

- Apêndice: Introdução à Teoria dos Jogos 122

- Respostas aos exercícios 141

- Referências bibliográficas 145

1. Introdução

Muitas vezes deparamo-nos com decisões difíceis de serem tomadas, em que as consequências são importantes e os resultados, incertos. Frequentemente, sentimo-nos mal ao tomar decisões dessa natureza e, após tomá-las, passamos a aguardar angustiosamente seus resultados.

Situações como essa ocorrem ocasionalmente em nossa vida particular e em profusão no mundo profissional. Homens de negócio, executivos, engenheiros, médicos e juízes, para citar apenas algumas categorias profissionais, enfrentam problemas de decisão dessa natureza como parte de suas responsabilidades. É a problemas como os descritos acima e aos profissionais a quem cabe resolvê-los que a Análise de Decisão se endereça.

A Análise de Decisão não é uma teoria **descritiva** ou **explicativa**, uma vez que não faz parte de seus objetivos descrever ou explicitar como e por que as pessoas (ou instituições) agem de determinada forma ou tomam certas decisões. Pelo contrário, trata-se de uma teoria **prescritiva** ou **normativa** no sentido de pretender ajudar as pessoas a tomarem decisões melhores face a suas preferências básicas. Ela parte do pressuposto de que os indivíduos são capazes de expressar suas preferências básicas quando enfrentam situações de decisão simples. Com base nisso, a metodologia desenvolvida pela Análise de Decisão permitirá a resolução de problemas de decisão mais complexos nos quais seu agente (que passaremos a chamar simplesmente de decisor) mantém suas preferências básicas mas é incapaz de manipular intuitivamente a complexidade da situação.

Esses casos, em geral, ocorrem em problemas não-repetitivos, ou seja, quando se deverá enfrentar uma decisão básica uma única vez, embora as ideias contidas nos procedimentos que iremos estudar possam ser utilizadas em situações bastante gerais.

Para que um problema de decisão possa ser formulado no contexto da metodologia aqui exposta, torna-se necessária uma descrição completa do problema, que compreende as seguintes informações:

    a) A relação de todas as opções possíveis, seja com referência aos possíveis cursos de ação, seja a respeito da coleta ou aquisição de novas informações.

    b) A lista de todos os eventos que podem ocorrer como resultado das possíveis decisões.

c) A cronologia em que as informações chegam ao conhecimento do decisor e em que as decisões devem ser tomadas.

d) A quantificação das preferências do decisor em relação às consequências que podem resultar dos possíveis cursos de ação.

e) Um julgamento probabilístico a respeito da ocorrência dos possíveis eventos.

A maior parte das informações necessárias à formulação do problema é de natureza objetiva, mas algumas, tais como a estrutura básica de preferências do decisor e seus julgamentos probabilísticos, são essencialmente subjetivas. A especificação da estrutura de preferências do decisor pode ser efetuada em duas etapas. Primeiramente, as eventuais consequências não monetárias são expressas em termos de numerário corrente. Pelo fato de estarmos profundamente habituados a exprimir nossas preferências por valores monetários, essa equivalência é, em geral, bastante fácil. Em segundo lugar, os equivalentes monetários das várias consequências do problema de decisão devem ser expressos em unidades de **utilidade**, que é um conceito que se relaciona de perto com as preferências do indivíduo em relação ao risco. Notar que, de passagem, as preferências em relação ao risco se assemelham às preferências em relação ao tempo, sendo perfeitamente possível dar-lhes tratamento conjunto.

Por outro lado, os julgamentos do decisor em relação aos eventos incertos são equacionados como **probabilidades subjetivas**. Os conceitos de probabilidade e de utilidade desempenham um papel central na Análise de Decisão.

De posse da estrutura do problema de decisão, das probabilidades dos eventos incertos (ou seja, das variáveis de estado) e das utilidades das consequências possíveis, efetuaremos alguns cálculos e determinaremos as decisões que maximizam as preferências básicas do decisor.

Poder-se-á, também, calcular um valor monetário que chamaremos de **equivalente certo** tal que o decisor fique indeciso entre receber este valor na certeza, ou manter o problema de decisão que tem em suas mãos com as incertezas que lhe são características.

Possivelmente, conseguiremos aumentar consideravelmente o equivalente certo do problema de decisão se obtivermos informações adicionais a respeito dos eventos incertos. Ao incremento sobre o equivalente certo original, resultante da resolução completa da incerteza, chamaremos de **valor da clarividência**. Dificilmente chegaremos ao ponto de remover inteiramente a incerteza em relação a determinado evento; entretanto, o conceito de valor da clarividência é muito útil por representar o limite superior do valor de qualquer informação tendente a eliminar essa incerteza.

Mais provavelmente, ser-nos-á possível reduzir a incerteza sobre determinada realidade por um procedimento de experimentação ou amostragem. A regra fornecida pelo Teorema de Bayes, enfatizado na revisão de probabilidade do capítulo 2, nos permitirá atualizar as probabilidades associadas a essa realidade dado o resultado da amostragem e, dessa forma, poderemos determinar o **valor do experimento**, ou seja, o valor-limite que nos conviria pagar para obter a informação decorrente.

Isso nos leva diretamente ao campo da Inferência Estatística, ou Estatística Indutiva, que se enquadra dentro do contexto deste livro, uma vez que seu objetivo é **decidir** que valor deve ser adotado como estimativa de algum parâmetro desconhecido ou qual atitude devemos adotar face à aceitação ou rejeição de determinadas hipóteses estatísticas existentes.

No presente texto, a Inferência Estatística é abordada pela ótica da ideia contida no Teorema de Bayes, de atualização probabilística acerca das possibilidades associadas aos possíveis estados de uma natureza incerta na qual se desenvolve o fenômeno em estudo, configurando uma forma moderna de se utilizar procedimentos estatísticos conhecida por Estatística Bayesiana. Embora o Teorema de Bayes remonte ao século XVIII, tendo sido introduzido no Cálculo de Probabilidades pelo matemático e reverendo inglês Thomas Bayes (1702-1761), somente por volta de meados do século XX sua importância como ferramenta estatística em certos tipos de problemas passou a ser dessa forma reconhecida. A Estatística Bayesiana costuma ser contraposta à chamada Estatística Clássica, muito mais frequente nos tratados sobre o assunto, que se desenvolveu a partir do século XIX graças ao trabalho de diversos notáveis matemáticos e estatísticos como Sir Ronald Fisher (1890-1962), William Gosset, que usava o pseudônimo Student (1876-1937), Karl Pearson (1857-1936) e Jerzy Neyman (1894-1981). Uma visão dos principais conceitos e técnicas da Estatística Clássica pode ser encontrada, entre muitas outras obras, em Costa Neto (2002).

O processo de inferência se inicia pela atribuição de uma distribuição de probabilidades subjetivas sobre o parâmetro a ser estimado. Essa distribuição deve espelhar da melhor forma possível nosso conhecimento prévio a respeito do parâmetro em questão. Procedida a amostragem, obteremos uma distribuição posterior (ao experimento) aplicando a regra de Bayes à distribuição prévia.

O método de atualização de probabilidades acima descrito é habitualmente denominado Inferência Bayesiana, para diferenciá-lo de outros métodos mais tradicionais que tentam excluir da análise qualquer conhecimento prévio a respeito do parâmetro.

Como o procedimento da Inferência Bayesiana pode ser, às vezes, excessivamente trabalhoso, mostraremos que, para cada processo probabilístico, existe uma família de distribuições dita **conjugada**, tal que, pertencendo a distribuição prévia a essa família, o mesmo acontecerá à distribuição posterior. As famílias de distribuições conjugadas apresentam notável utilidade por simplificar sobremaneira o processo de inferência.

O produto do procedimento bayesiano de inferência é, assim, uma distribuição de probabilidades. Definindo-se uma **função de perda** (ou penalidade) sobre os desvios de uma estimativa hipotética em relação ao verdadeiro valor do parâmetro (desconhecido), obteremos a estimativa ótima do referido parâmetro face ao resultado da amostragem e à função de perda adotada. No contexto, mostraremos que as estimativas de máxima verossimilhança, profusamente utilizadas na Estatística Clássica, se enquadram na teoria bayesiana como casos particulares.

No presente trabalho, foi nossa intenção apresentar um arcabouço razoavelmente completo, sem ser exaustivo, da metodologia atualmente empregada pela Análise da Decisão. Temos consciência de sua importância, pois sua aplicabilidade é quase universal e sua utilização tem sido sempre crescente em passado recente.

Sabemos que ainda existem muitos tópicos relacionados com o assunto que permanecem em aberto, sendo passíveis de investigação ulterior, e que não são abordados em maior profundidade neste texto. Assim, por exemplo, acreditamos que existe muito ainda por se pesquisar nos campos experimentais referentes ao levantamento das probabilidades subjetivas e das funções de utilidade reais dos indivíduos e das entidades.

Também não apresentamos neste trabalho vários resultados aplicados, tais como os testes de hipóteses bayesianos e outros. Afinal, não se pode pretender esgotar um assunto tão vasto e atual em um texto com a finalidade do presente.

Acreditamos, entretanto, que dentro do escopo básico a que nos propusemos, poderemos oferecer ao leitor a oportunidade de compreender em seus aspectos fundamentais e utilizar em seu respectivo campo de atuação os conceitos e a metodologia da Análise Estatística da Decisão, para casos nos quais a incerteza prevalece quanto às premissas necessárias a essa tomada de decisão.

2. REVISÃO DE PROBABILIDADES

2.1 ESPAÇO AMOSTRAL. EVENTOS

O Cálculo de Probabilidades é um ferramental matemático que se presta ao estudo de fenômenos aleatórios ou probabilísticos. Nesses fenômenos, o resultado de um experimento não pode ser previsto com certeza, mas é, em geral, possível relacionar todos os resultados que podem ocorrer.

Chamamos **espaço amostral** ou **espaço das possibilidades** ao conjunto de todos os possíveis resultados de um experimento aleatório. Vamos denotar esse conjunto por S.

O conjunto S poderá ser apresentado em maior ou menor grau de detalhamento, conforme seja de interesse em cada caso. Salvo menção em contrário, consideraremos o maior grau de detalhamento possível. Assim, por exemplo, se lançarmos três moedas, o espaço amostral poderá ser descrito por

$$S = \begin{Bmatrix} CCC & CCK & KKC & KKK \\ & CKC & KCK & \\ & KCC & CKK & \end{Bmatrix}$$

onde, digamos, C representa coroa e K, cara, em cada particular moeda lançada.

Notar que, em geral, podemos considerar o espaço amostral como um conjunto de resultados elementares que descrevem o experimento em questão.

Dado um experimento aleatório, podemos nos interessar por resultados ou **eventos**, constituídos por um ou vários resultados elementares do espaço amostral. De fato, qualquer evento referente a um experimento aleatório pode ser descrito como um subconjunto do espaço amostral S. Os eventos serão sempre designados por letras maiúsculas.

Assim, no exemplo acima, o evento A = "saiu exatamente uma cara" é constituído pelos resultados elementares CCK, CKC e KCC, ou seja:

$$A = \{CCK \quad CKC \quad KCC\}$$

Como, dentro da ideia acima, qualquer subconjunto de S deve corresponder a um evento, devemos incluir entre os eventos o próprio S (evento certo) e o conjunto vazio $\emptyset$ (evento impossível).

Como estamos tratando os resultados de um experimento aleatório como conjuntos, podemos, é claro, aplicar a eles as operações entre conjuntos. Podemos, portanto, definir:

a) Evento intersecção ($A \cap B$, AB) representa a ocorrência de ambos os eventos A e B.

b) Evento reunião ($A \cup B$) representa a ocorrência de pelo menos um entre os eventos A e B.

c) Evento complementar ($\overline{A}$) representa a não ocorrência do evento A.

d) Eventos mutuamente excludentes ($A \cap B = \emptyset$) são os que não podem ocorrer simultaneamente em uma mesma realização de um experimento.

Essas definições são de imediata generalização a mais de dois eventos.

Quando a reunião de n eventos mutuamente excludentes é o próprio espaço amostral S, dizemos que esses eventos são **mutuamente excludentes e exaustivos**, ou formam uma **partição** de S. A partição mais simples possível é a formada por um evento e seu complementar.

Exemplo: No lançamento de um dado, podemos descrever o espaço amostral por:

$$S = \{1, 2, 3, 4, 5, 6\}$$

Consideremos os eventos:

A = Dar ponto par
B = Dar ponto alto
C = Dar ponto um

que são caracterizados, respectivamente, pelos subconjuntos:

$A = \{2, 4, 6\}, \qquad B = \{4, 5, 6\}, \qquad C = \{1\}$

Em termos dos resultados elementares de S, A e B são eventos compostos e C é um evento simples. Além disso, temos, por exemplo:

$A \cap B = \{4, 6\}$ $\qquad\qquad\qquad$ $\overline{A \cup B} = \{1, 3\}$
$A \cup B = \{2, 4, 5, 6\}$ $\qquad\qquad\quad$ $A \cap C = B \cap C = \emptyset$

Logo, os eventos A e C, bem como os B e C, são mutuamente excludentes.

2.2 PROBABILIDADE

Intuitivamente, a probabilidade de um evento é uma medida de nossa certeza a respeito de sua ocorrência. Representa, pois, nosso grau de crença no resultado, podendo ser de natureza objetiva ou subjetiva.

Historicamente, entretanto, a definição de probabilidade tem sido objeto de bastante controvérsia.

A incerteza quanto a eventos futuros, realidade que enfrentamos cotidianamente, sempre exerceu verdadeiro fascínio sobre a mente humana. Talvez por isso os jogos de azar tenham sido tão cultuados desde a mais remota antiguidade.

Não é de se estranhar, portanto, que o Cálculo de Probabilidades tenha suas origens no estudo e na compreensão dos jogos de azar. Em muitos desses jogos, os dispositivos de aleatorização (dados, moedas etc.) são construídos de tal forma que todos os resultados elementares ocorram com a mesma probabilidade.

Nesse contexto surgiu a primeira definição de probabilidade, como sendo o quociente entre o número de resultados para os quais o evento em questão se verifica e o número de todos os resultados possíveis, ou seja,

$$P(A) = \frac{m}{n} \quad (2.1)$$

onde:

m é o número de resultados favoráveis ao evento A
n é o número de resultados possíveis.

Essa definição de probabilidade tem a limitação de se aplicar exclusivamente aos casos em que os eventos elementares são todos igualmente prováveis.

Surgiu a seguir a definição **frequencialista** da probabilidade, na qual esta é considerada como o limite para o qual tende a frequência relativa, quando o experimento é repetido indefinidamente nas mesmas condições. Embora essa definição seja muito útil, por exemplo, no Controle Estatístico da Qualidade, merece a evidente crítica de se aplicar só aos casos em que o experimento pode ser repetido um grande número de vezes exatamente **nas mesmas condições**. A definição frequencialista desautoriza-nos, por exemplo, a fazer afirmativas probabilísticas a respeito do evento "chover amanhã", já que o dia de amanhã jamais se repetirá. Aos meteorologistas estaria, portanto, vedado o uso do Cálculo de Probabilidades.

Modernamente, adota-se uma definição axiomática para a probabilidade, deixando aberto o problema de sua atribuição numérica, a qual poderá ser feita inclusive subjetivamente, de acordo com a opinião de cada analista. Isso amplia substancialmente o campo de aplicação dos métodos probabilísticos sem eliminar a possibilidade de atribuição objetiva das probabilidades, quando aplicável.

A probabilidade é, pois, definida a partir de alguns axiomas ou postulados básicos. Outras propriedades decorrem matematicamente.

Assim, vamos definir a probabilidade como um número real associado a um evento e denotado por P, tal que:

a) $P(A) \geq 0$ para todo evento A (2.2)
b) $P(S) = 1$ (2.3)
c) Se $A_1, A_2, ..., A_k$ são eventos mutuamente excludentes, então:

$$P(A_1 \cup A_2 \cup ... \cup A_k) = P(A_1) + P(A_2) + ... + P(A_k) \quad (2.4)$$

Dessas propriedades fundamentais, resultam as seguintes outras, que apresentaremos sem demonstração:

$d)\ P(\overline{A}) = 1 - P(A)$ (2.5)

$e)\ P(\emptyset) = 0$ (2.6)

$f)\ P(A \cup B) = P(A) + P(B) - P(A \cap B)$ (2.7)

$g)\ P(A \cup B) = 1 - P(\overline{A} \cap \overline{B}) \to P(A \cup B) = 1 - P(\overline{A} \cap \overline{B})$ (2.8)

$h)\ P(A \cap B) = 1 - P(\overline{A} \cup \overline{B})$ (2.9)

etc.

Exemplo: Dois dados são lançados. Calcular a probabilidade de que a soma dos pontos obtidos seja inferior a 6.

Solução: O espaço amostral do lançamento de dois dados, descrito por

$$S = \{(i,j): \quad i = 1, 2, 3, 4, 5, 6; \quad j = 1, 2, 3, 4, 5, 6\}$$

é composto de 36 resultados elementares. Se os dados forem equiprováveis, os 36 resultados de S também o serão. Então, sendo C o evento desejado, podemos calcular $P(C)$ por meio da relação (2.1). Pesquisando S, vemos que $m = 10$.

Logo:

$$P(C) = \frac{m}{n} = \frac{10}{36}$$

2.3. PROBABILIDADE CONDICIONADA. EVENTOS INDEPENDENTES

O estabelecimento de uma probabilidade está, em geral, diretamente relacionado ao estado da informação disponível.

É muito frequente o caso em que o estado de informação é modificado pela ocorrência de algum outro evento relacionado com o experimento em questão. Suponhamos, para efeito de raciocínio, que desejamos a probabilidade de um evento A. Temos designado por $P(A)$ a probabilidade desse evento, atribuída apenas com o conhecimento da mecânica do experimento correspondente. Se, entretanto, recebermos a informação de que um outro evento B ocorreu, essa modificação de nosso estado de informação poderá levar-nos a reavaliar a probabilidade do evento A por um novo valor que denotaremos por $P(A\,|\,B)$ e chamaremos de probabilidade de A condicionada a B[1].

---

[1] Notar que o "conhecimento da mecânica do experimento" acima mencionado corresponde, de fato, a um estado inicial de informação, que podemos designar por $\mathcal{E}$. Seria, portanto, mais próprio designar as probabilidades acima por $P(A\,|\,\mathcal{E})$ e $P(A\,|\,B\,\mathcal{E}) \equiv P(A\,|\,B \cap \mathcal{E})$, dando ênfase à ideia de que toda probabilidade é estabelecida em função de algum estado de informação.

Revisão de probabilidades

Pode-se mostrar a coerência da relação abaixo, em geral apresentada como definição da probabilidade condicionada:

$$P(A \mid B) = \frac{P(A \cap B)}{P(A)}, P(B) \neq 0 \tag{2.10}$$

Analogamente, é claro, temos que

$$P(B \mid A) = \frac{P(A \cap B)}{P(A)}, P(A) \neq 0$$

Das expressões acima, resulta imediatamente a regra do produto, que nos ensina a calcular a probabilidade do evento intersecção:

$$P(A \cap B) = P(A) \cdot P(B \mid A) = P(B) \cdot P(A \mid B) \tag{2.11}$$

Notar que a ordem de condicionamento é indiferente para o cálculo da probabilidade do evento intersecção.

A generalização da regra do produto a mais de dois eventos é feita facilmente por indução. Para o caso de três eventos podemos, por exemplo, escrever:

$$P(A \cap B \cap C) = P(A) \cdot P(B \mid A) \cdot P(C \mid A \cap B) \tag{2.12}$$

Há a considerar, também, o caso de eventos cuja ocorrência não afeta o valor da probabilidade em que estamos interessados. Ou seja, sua ocorrência representa uma contribuição irrelevante ao estado de informação do ponto de vista da probabilidade do evento que temos em mente.

Se $P(A \mid B) = P(A)$, o evento A é dito estatisticamente independente do evento B. Isso implica que B também será estatisticamente independente de A, pois, então:

$$P(B \mid A) = \frac{P(A \cap B)}{P(A)} = \frac{P(B) \cdot P(A \mid B)}{P(A)} = P(B)^2$$

Logo, podemos dizer simplesmente que os eventos A e B são independentes.

Nas condições de independência estatística, a regra do produto se simplifica, tornando-se:

$$P(A \cap B) = P(A) \cdot P(B), \tag{2.13}$$

ou, para vários eventos:

$$P(A_1 \cap A_2 \cap \ldots \cap A_k) = P(A_1) \cdot P(A_2) \ldots P(A_k). \tag{2.14}$$

Deve-se notar que a independência de eventos é função do estado de informação. Alterando-se o estado de informação, os eventos referidos poderão deixar de ser independentes. Em outras palavras, sendo $P(A \mid B)$ e $P(A)$ iguais, não podemos concluir que $P(A \mid B \cap C)$[3] e $P(A \mid C)$ também o sejam.

---

2 $P(A \mid B) = P(A)$ implica, também, $P(A \mid \bar{B}) = P(A)$
3 Com maior frequência, denotaremos $P(A \mid B \cap C)$ por $P(A \mid BC)$.

ANÁLISE ESTATÍSTICA DA DECISÃO

Exemplo 1: Uma caixa contém duas bolas gravadas com a letra R e três bolas com a letra A. Calcular a probabilidade de:

a) Extraindo-se todas as bolas uma a uma, obter-se a palavra *ARARA*.

b) Extraindo-se três bolas simultaneamente, surgir duas bolas A e uma R.

Solução:

a) O evento desejado (C) pode ser considerado como intersecção dos cinco seguintes eventos:

B_1 = A primeira bola ter a letra A.

B_2 = A segunda bola ter a letra R.

B_3 = A terceira bola ter a letra A.

B_4 = A quarta bola ter a letra R.

B_5 = A quinta bola ter a letra A.

Portanto, aplicando a regra do produto generalizada, temos:

$$P(C) = P(B_1) \cdot P(B_2 \mid B_1) \ldots P(B_5 \mid B_1 B_2 B_3 B_4) =$$

$$= \frac{3}{5} \cdot \frac{2}{4} \cdot \frac{2}{3} \cdot \frac{1}{2} \cdot 1 = \frac{1}{10}$$

b) Retirar três bolas simultaneamente equivale a retirar três bolas uma a uma sem reposição. O evento que nos interessa (D) é composto dos resultados AAR, ARA e RAA. Como esses resultados diferem apenas por uma questão de ordem, são igualmente prováveis. Logo, temos:

$$P(D) = 3 \cdot P(AAR) = 3 \cdot \frac{3}{5} \cdot \frac{2}{4} \cdot \frac{2}{3} = \frac{3}{5}$$

Exemplo 2: Refazer o exemplo anterior admitindo que todas as extrações sejam feitas com reposição.

Solução: Isso apenas simplifica ainda mais o problema, pois as extrações se tornam independentes. Temos, então:

$$P(C) = \frac{3}{5} \cdot \frac{2}{5} \cdot \frac{3}{5} \cdot \frac{2}{5} \cdot \frac{3}{5} = \frac{108}{3.125} = 0,03456$$

$$P(D) = 3 \cdot \frac{3}{5} \cdot \frac{3}{5} \cdot \frac{2}{4} = \frac{54}{125} = 0,432$$

Exemplo 3: Usando o espaço amostral do lançamento de dois dados, podemos exemplificar a afirmação de que a independência estatística está relacionada ao estado da informação de que se dispõe.

Sejam os eventos:

A = Dar o mesmo ponto nos dois dados.

B = Dar ponto 1 no primeiro dado.

C = Soma dos pontos inferior a 6.

A Figura 2.1 representa estes eventos no espaço amostral.

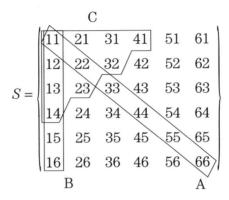

Figura 2.1 – Espaço amostral e eventos.

Vê-se que:

$$P(A) = P(B) = \frac{6}{36} = \frac{1}{6} \qquad P(C) = \frac{10}{36}$$

$$P(A \mid B) = P(A \mid B) = \frac{1}{6}$$

Logo, os eventos A e B são independentes na ausência de informação adicional. Entretanto:

$$P(A \mid C) = \frac{1}{5} \qquad P(A \mid BC) = \frac{1}{4}$$

$$P(B \mid C) = \frac{2}{5} \qquad P(B \mid AC) = \frac{1}{2}$$

Logo, os eventos A e B não são independentes diante da informação de que C ocorreu.

2.4 LEI DA PROBABILIDADE TOTAL. TEOREMA DE BAYES

Sejam A_1, A_2, ..., A_n eventos mutuamente excludentes e exaustivos (constituindo, pois, uma partição) e B um evento qualquer de S. Esses eventos podem ser simbolicamente representados num diagrama de Venn, em que supomos que a área correspondente a cada evento é numericamente igual à sua probabilidade (Figura 2.2).

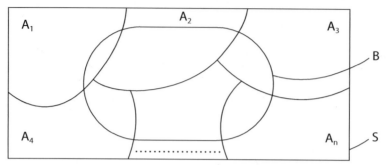

Figura 2.2 – Diagrama de Venn

A coleção de eventos $A_1, A_2, ..., A_n$ define uma **distribuição de probabilidades**, significando que um e somente um desses eventos irá ocorrer, respectivamente, com probabilidades $P(A_1), P(A_2), ..., P(A_n)$, cuja soma é unitária.

Ora, vemos na Figura 2.2 que $B = \bigcup_{i=1}^{n} (A_i \cap B)$.

Logo, sendo as intersecções $A_i \cap B$ mutuamente excludentes, temos, de (2.4):

$$P(B) = \sum_{i=1}^{n} (A_i \cap B) \tag{2.15}$$

Equivalentemente, aplicando (2.11), podemos escrever:

$$P(B) = \sum_{i=1}^{n} P(A_i) \cdot P(B \mid A_i) \tag{2.16}$$

É claro que, se $n = 2$, podemos fazer $A_1 = A$, $A_2 = \overline{A}$, e escrever:

$$P(B) = P(A) \cdot P(B \mid A) + P(\overline{A}) \cdot P(B \mid \overline{A}) \tag{2.17}$$

As expressões (2.15), (2.16) e (2.17) exprimem a chamada lei da **probabilidade total**. Vemos pela expressão (2.16) que essa lei nos ensina a obter a probabilidade incondicional de um evento B conhecidas todas as suas probabilidades condicionadas aos possíveis resultados da partição A e as probabilidades incondicionais desses resultados. Isso facilita o estudo de situações em que, primeiramente, um e somente um entre os resultados $A_1, A_2, ..., A_n$ ocorrerá e, posteriormente, um resultado de interesse, B, ocorrerá ou não[4].

---

4 No estudo da Teoria da Decisão, os resultados $A_1, A_2, ..., A_n$ serão referidos como os possíveis estados da natureza e B será um entre os possíveis resultados de um experimento.

Note-se que o diagrama apresentado na Figura 2.2 se encontra dividido em $2n$ partes. Uma representação tabular da presente situação é também possível, conforme se mostra na Tabela 2.1. As probabilidades $P(A_i \cap B)$ e $P(A_i \cap \overline{B})$ constantes do corpo dessa tabela formam a distribuição bidimensional de probabilidade que se obtém ao se considerarem conjuntamente os resultados A_i e os eventos B e $\overline{B}$.

Vemos que as probabilidades totais dos eventos B e $\overline{B}$ são obtidas na linha marginal inferior dessa tabela. Podemos, por outro lado, generalizar essa tabela para o caso de um experimento que possa conduzir a diversos resultados $B_1, B_2, ..., B_j, ..., B_m$. As probabilidades no corpo da tabela seriam as grandezas $P(A_i \cap B_j)$ e na linha marginal inferior teríamos a distribuição de probabilidades da família de resultados B_j.

Uma terceira possibilidade de representação da situação acima descrita é por meio de uma **árvore de probabilidades**, conforme se verá nos exemplos a seguir.

Tabela 2.1 – Distribuição bidimensional de probabilidade

A \ B	B	$\overline{B}$	Total
A_1	$P(A_1 \cap B)$	$P(A_1 \cap \overline{B})$	$P(A_1)$
A_2	$P(A_2 \cap B)$	$P(A_2 \cap \overline{B})$	$P(A_2)$
⋮	⋮	⋮	⋮
A_i	$P(A_i \cap B)$	$P(A_i \cap \overline{B})$	$P(A_i)$
⋮	⋮	⋮	⋮
A_n	$P(A_n \cap B)$	$P(A_n \cap \overline{B})$	$P(A_n)$
Total	$P(B)$	$P(\overline{B})$	1

Examinemos agora o mesmo problema sob outro ângulo. Se as probabilidades $P(A_1), P(A_2), ..., P(A_n)$ constituem uma distribuição de probabilidade, elas também constituirão uma distribuição de probabilidades sob um outro estado de informação. Assim, se soubermos que o evento B ocorreu, as probabilidades $P(A_1|B), P(A_2|B), ..., P(A_n|B)$ constituirão a distribuição de probabilidades dos A_i condicionada à ocorrência do evento B[5].

---

5 Na terminologia da Teoria da Decisão, as probabilidades $P(A_i)$ são comumente ditas *a priori* e as $P(A_i|B)$, *a posteriori* da ocorrência de B. No presente texto, chamá-las-emos de probabilidades prévias e posteriores.

Ora, podemos obter cada probabilidade particular $P(A_k \mid B)$ pela aplicação direta da expressão (2.10), ou seja:

$$P(A_k \mid B) = \frac{P(A_k \cap B)}{P(B)}, \tag{2.18}$$

ou, lembrando (2.15):

$$P(A_k \mid B) = \frac{P(A_k \cap B)}{\sum_{i=1}^{n} P(A_i \cap B)}, \tag{2.19}$$

ou, ainda, usando novamente (2.11):

$$P(A_k \mid B) = \frac{P(A_k) \cdot P(B \mid A_k)}{\sum_{i=1}^{n} P(A_i) \cdot P(B \mid A_i)} \tag{2.20}$$

As três expressões acima são, é claro, equivalentes e encerram a mesma ideia. A forma (2.20), entretanto, é geralmente apresentada como a expressão do Teorema de Bayes.

Vemos que, do ponto de vista meramente formal, as expressões acima pouco apresentam de notável, encerrando uma simples manipulação das propriedades da probabilidade. A importância do Teorema de Bayes se revela quando consideramos as probabilidades $P(A_i)$ como sendo representativas de certo estado inicial de informação, que se modifica tão logo chegue a nosso conhecimento a ocorrência do evento B. Essa informação alterará nosso conhecimento a respeito das probabilidades de ocorrência dos eventos A_k, resultando os valores $P(A_k \mid B)$ calculados de acordo com a expressão (2.20).

Note-se que esse mecanismo constitui a essência do processo de inferência estatística, cujo objetivo é apurar nosso conhecimento a respeito de fenômenos aleatórios (no caso, a ocorrência dos eventos A_k) tendo por base a observação do desenrolar do processo probabilístico (representado aqui pela ocorrência do evento B)[6].

Observemos também que a expressão (2.20) pode ser generalizada imediatamente, permitindo-nos obter $P(A_k \mid BC)$ a partir dos valores $P(A_i \mid B)$ e $P(C \mid A_i B)$, de forma a rever novamente as probabilidades dos eventos A_k assim que venhamos a saber da ocorrência de outro evento, C. Isso leva-nos a concluir que o processo de aperfeiçoamento de nosso conhecimento, ou seja, a inferência estatística, pode assumir características dinâmicas, renovando-se continuamente.

---

6 Maiores considerações a respeito serão feitas no item 7.3.

Revisão de probabilidades

Exemplo 1: Um meteorologista acerta 80% dos dias em que chove e 90% dos dias em que não chove. Chove em 10% dos dias. Tendo havido previsão de chuva em dado dia, qual a probabilidade de chover?

Solução: Sejam os eventos:

C = Chove.
$\overline{C}$ = Não chove.
"C" = Meteorologista faz previsão de chuva.
"$\overline{C}$" = Meteorologista faz previsão de não chover.

(Note-se que, no presente exemplo, os eventos C e $\overline{C}$ fazem as vezes de A_1 e A_2, segundo a notação do texto, e correspondem aos possíveis estados da natureza. Os eventos "C" e "$\overline{C}$" correspondem aos B e $\overline{B}$, e são, na ordem das coisas, diretamente dependentes dos possíveis estados da natureza.)

O enunciado do problema nos fornece:

$$P(\text{``}\overline{C}\text{''} \mid C) = 0{,}80 \quad \therefore P(\text{``}\overline{C}\text{''} \mid C) = 0{,}20$$
$$P(\text{``}\overline{C}\text{''} \mid \overline{C}) = 0{,}90 \quad \therefore P(\text{``}C\text{''} \mid \overline{C}) = 0{,}10$$
$$P(C) = 0{,}10 \quad \therefore P(\overline{C}) = 0{,}90$$

Aplicando a lei da probabilidade total, temos:

$$P(\text{``}C\text{''}) = P(C \cap \text{``}C\text{''}) + P(\overline{C} \cap \text{``}C\text{''}) =$$
$$= P(C) \cdot P(\text{``}C\text{''} \mid C) + P(\overline{C}) \cdot P(\text{``}C\text{''} \mid \overline{C}) =$$
$$= 0{,}10 \cdot 0{,}80 + 0{,}90 \cdot 0{,}10 = 0{,}08 + 0{,}09 = 0{,}17$$

Esta é a probabilidade de haver previsão de chuva, independentemente do real estado da natureza. Agora, o Teorema de Bayes nos dá a resposta desejada:

$$P(C \mid \text{``}C\text{''}) = \frac{P(C \cap \text{``}C\text{''})}{P(\text{``}C\text{''})} = \frac{0{,}08}{0{,}17} = \frac{8}{17} \cong 0{,}47$$

Note-se que, embora o meteorologista seja bastante confiável, a probabilidade de uma previsão de chuva estar correta é inferior a 50%. Isso ocorre pois, no cálculo dessa probabilidade, exerce influência a pouca frequência dos dias de chuva. (Em compensação, como se poderá ver a seguir, a probabilidade de que uma previsão de não chover esteja certa é 81/83, ou seja, da ordem de 98%.)

O problema poderia ser resolvido alternativamente montando-se a Tabela 2.2, na qual vemos diretamente que $P(C \mid \text{``}C\text{''}) = 0{,}08/0{,}17$.

Tabela 2.2 – Distribuição bidimensional

	"C"	"$\overline{C}$"	Total
C	0,08	0,02	0,10
$\overline{C}$	0,09	0,81	0,90
Total	0,17	0,83	1

Uma terceira forma de atacar o problema é pelo uso de **árvores de probabilidades**. Assim, os dados originais podem ser convenientemente apresentados por meio da árvore mostrada na Figura 2.3. Diremos que esta é a

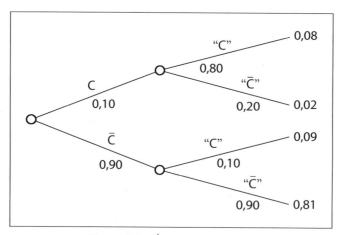

Figura 2.3 – Árvore da natureza

árvore da natureza, pois representa a cronologia real dos acontecimentos, isto é, primeiro a natureza "resolve" se vai chover ou não e, após, em função dos indícios por ela fornecidos, o meteorologista faz sua previsão.

Note-se que, na construção da árvore, as probabilidades indicadas são condicionadas aos estados de informação correspondentes a cada nó. Note-se também que, em cada ramificação, as probabilidades devem ter soma unitária.

Obviamente, as quatro probabilidades indicadas nos pontos terminais da árvore, cuja soma também é unitária, correspondem, respectivamente, aos eventos $C \cap$ "C", $C \cap$ "$\overline{C}$", $\overline{C} \cap$ "C" e $\overline{C} \cap$ "$\overline{C}$". Vemos, portanto, imediatamente, que $P(\text{"}C\text{"}) = 0,17$ e $P(\text{"}\overline{C}\text{"}) = 0,83$.

O que nos interessa, entretanto, do ponto de vista do presente problema, não é a árvore da natureza mas, sim, a árvore do interessado na previsão meteorológica. Primeiro, este toma conhecimento da previsão e, depois, ficará sabendo se chove ou não. Logo, para ele, a árvore representativa dos fatos é a apresentada na Figura 2.4, que chamaremos de árvore do interessado.

Revisão de probabilidades

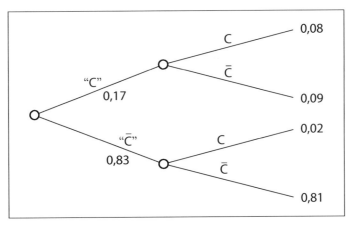

Figura 2.4 – Árvore do interessado.

As probabilidades nos pontos terminais dessa árvore são as mesmas existentes na árvore anterior, pois correspondem aos mesmos eventos. Apenas sua ordem ficou alterada.

Ora, para completar a árvore do interessado faltam apenas as probabilidades $P(C \mid "C")$, $P(\overline{C} \mid "C")$, $P(C \mid "\overline{C}")$ e $P(\overline{C} \mid "\overline{C}")$. Elas podem, entretanto, ser facilmente obtidas, pois o produto das probabilidades, ao longo de cada percurso da árvore, deve reproduzir a probabilidade correspondente ao ponto terminal. Assim, vemos que:

$$P(C \mid "C") = \frac{8}{17} \qquad P(\overline{C} \mid "C") = \frac{9}{17}$$

$$P(C \mid "\overline{C}") = \frac{2}{83} \qquad P(\overline{C} \mid "\overline{C}") = \frac{81}{83}$$

Exemplo 2: Uma caixa contém seis moedas honestas, três com vício tipo I e uma com vício tipo II. As moedas viciadas tipo I são tais que $P(\text{cara}) = 0,7$ e as viciadas tipo II, $P(\text{cara}) = 0,2$. Uma moeda é apanhada ao acaso desta caixa. Pede-se:

  a) Construir a distribuição prévia para as possíveis condições da moeda.
  b) Um experimento consiste em jogar duas vezes a moeda. Construir as distribuições de probabilidades dos resultados desse experimento condicionadas a cada tipo da moeda.
  c) Construir a distribuição de probabilidades incondicionais dos resultados do experimento.
  d) Construir as distribuições posteriores dos possíveis tipos da moeda em função de cada resultado do experimento.
  e) Para quais resultados do experimento você acha que um jogador racional iria apostar em "cara" em uma terceira jogada da moeda?

ANÁLISE ESTATÍSTICA DA DECISÃO

Solução:

a) Sendo as possíveis condições da moeda

H = Moeda honesta
V_1 = Vício tipo I
V_2 = Vício tipo II,

a distribuição prévia para as possíveis condições da moeda é dada por

$P(H) = 0,6;$ $P(V_1) = 0,3;$ $P(V_2) = 0,1$

b) Vamos identificar três possíveis resultados para o experimento, que consiste em jogar duas vezes a moeda escolhida:

X_0 = Dar duas coroas (nenhuma cara)
X_1 = Dar uma cara e uma coroa, em qualquer ordem
X_2 = Dar duas caras

Não há necessidade de subdividir o resultado X_1, pois ambos os casos produzem as mesmas consequências.

A Tabela 2.3 apresenta, em suas linhas, as distribuições de probabilidades dos resultados do experimento condicionadas a cada condição da moeda (estado da natureza). A verificação dessas probabilidades fica a cargo do leitor.

Tabela 2.3 – Distribuições condicionadas dos resultados do experimento

	X_0	X_1	X_2
H	0,25	0,50	0,25
V_1	0,09	0,42	0,49
V_2	0,64	0,32	0,04

c) A construção da distribuição de probabilidades incondicional dos resultados do experimento é feita utilizando a lei da probabilidade total. Para tanto, a partir da Tabela 2.3, construímos a Tabela 2.4 simplesmente multiplicando cada linha pela respectiva probabilidade da condição da moeda. Essa tabela representa a distribuição bidimensional dos tipos da moeda contra os resultados do experimento.

Tabela 2.4 – Distribuição bidimensional

	X_0	X_1	X_2	Total
H	0,150	0,300	0,150	0,60
V_1	0,027	0,126	0,147	0,30
V_2	0,064	0,032	0,004	0,10
Total	0,241	0,458	0,301	1,00

A distribuição incondicional desejada aparece na última linha da Tabela 2.4.

d) As distribuições posteriores para as possíveis condições da moeda, em função de cada resultado do experimento, são obtidas pela aplicação do Teorema de Bayes. Isso equivale a dividir cada coluna da Tabela 2.4 pelo respectivo total, obtendo-se a Tabela 2.5, cujas colunas dão as distribuições desejadas.

Tabela 2.5 – Distribuições posteriores

	X_0	X_1	X_2
H	150/241	300/458	150/301
V_1	27/241	126/458	147/301
V_2	64/241	32/458	4/301
Total	1	1	1

Note-se, por exemplo, que, se ocorrerem duas caras, a probabilidade de V_2, que era 0,10 *a priori*, cai para pouco mais de 0,01.

e) Um jogador racional apostará em "cara" se julgar que esta probabilidade é superior a 0,50. Ora, a probabilidade incondicional do resultado "cara" pode ser obtida pela aplicação da lei da probabilidade total, antes ou depois do experimento.

Seja K o evento "dar cara". Se o experimento levou a duas coroas, é de se esperar que o jogador não deseje apostar em "cara" em um terceiro lançamento. De fato, pela lei da probabilidade total:

$$P(K \mid X_0) = P(H \mid X_0) \cdot P(K \mid HX_0) + P(V_1 \mid X_0) \cdot P(K \mid V_1 X_0) +$$
$$+ P(V_2 \mid X_0) \cdot P(K \mid V_2 X_0) =$$
$$= \frac{150}{241} \cdot 0,5 + \frac{27}{241} \cdot 0,7 + \frac{64}{241} \cdot 0,2 = 0,443$$

Note-se que $P(K \mid HX_0) = P(K \mid H)$ etc.

Analogamente, temos:

$$P(K \mid X_1) = \frac{300}{458} \cdot 0,5 + \frac{126}{458} \cdot 0,7 + \frac{32}{458} \cdot 0,2 = 0,534$$

$$P(K \mid X_2) = \frac{150}{301} \cdot 0,5 + \frac{147}{301} \cdot 0,7 + \frac{4}{301} \cdot 0,2 = 0,594$$

Logo, o jogador apostará em "cara" em um terceiro lançamento se o resultado do experimento for X_1 ou X_2.

2.5 VARIÁVEIS ALEATÓRIAS. MÉDIA E VARIÂNCIA

Muitas vezes, exprimimos os possíveis resultados de uma situação aleatória por números. Isso pode ser feito por conveniência ou devido à própria natureza quantitativa do problema. Dizemos, então, que os possíveis resultados ou eventos estão representados por uma **variável aleatória**[7].

Suponhamos, por exemplo, que um jogador lance três moedas e receba como prêmio tantos reais quantas caras forem obtidas. Considerando o espaço amostral visto em 2.1, a teoria das probabilidades facilmente nos indica que o ganho desse jogador será uma variável aleatória cuja distribuição de probabilidades é mostrada na Tabela 2.6 ou, alternativamente, na Figura 2.5. Note-se que, na Tabela 2.6, usamos a letra X para denotar a variável aleatória em questão.

Tabela 2.6 – Distribuição de probabilidades da variável aleatória X

X	P(X)
0	1/8
1	3/8
2	3/8
3	1/8
	1

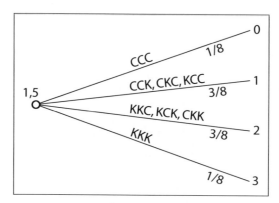

Figura 2.5 – Árvore de probabilidades

A variável aleatória, objeto do exemplo acima, é **discreta**, pois admite como possíveis resultados apenas um conjunto enumerável de valores. Temos muito frequentemente o caso de variáveis aleatórias contínuas, em que a distribuição de

---

7 Mais rigorosamente, variável aleatória é uma função definida em um espaço amostral e que toma valores numéricos.

probabilidades deve ser caracterizada por uma **função densidade de probabilidade** $f(x)$ sobre cuja teoria, entretanto, não nos ocuparemos nesta revisão[8].

Dada uma variável aleatória discreta, sua **média**, **expectância** ou **valor esperado**, é definida por:

$$\mu(X) = E(X) = \sum_i x_i P(x_i) \tag{2.21}$$

Em nosso exemplo, temos, aplicando a definição:

$$E(X) = 0 \cdot \frac{1}{8} + 1 \cdot \frac{3}{8} + 2 \cdot \frac{3}{8} + 3 \cdot \frac{1}{8} = \frac{12}{8} = 1{,}5$$

Este valor representa o ganho esperado médio por jogada se o jogo fosse repetido um número muito grande (tendendo a infinito) de vezes; mas pode ser também interpretado como uma medida de quanto esse jogo deve, em média, proporcionar, mesmo se vier a ser jogado uma única vez.

Em uma árvore de propabilidades, representaremos o valor médio como um número associado ao nó respectivo, conforme se indica Figura 2.5.

O cálculo a média ou expectância vai ser de fundamental importância na análise das árvores de decisão, como se verá no capítulo seguinte.

Outro conceito importante é o de variância de uma variável aleatória, definida, em geral, por

$$\sigma^2(X) = V(X) = E[X - E(X)]^2 = E(X^2) - [E(X)]^2 \tag{2.22}$$

Logo, no caso discreto, temos:

$$V(X) = \sum_i [x_i - E(X)]^2 P(x_i) =$$
$$= \sum_i x_i^2 P(x_i) - [E(X)]^2 \tag{2.23}$$

Usando (2.23), o leitor poderá verificar que a variância, no exemplo dado, é 0,75.

A variância dá a ideia da extensão da variação da variável, podendo também ser usada para tal sua raiz quadrada, o **desvio padrão** $\sigma(x)$, cuja dimensão é a mesma da variável aleatória.

No caso de variáveis aleatórias contínuas, a média e variância podem ser determinadas, respectivamente, por

$$E(X) = \int_{-\infty}^{+\infty} x \cdot f(x)\, dx \tag{2.24}$$

$$V(X) = \int_{-\infty}^{+\infty} [x - E(X)]^2 \cdot f(x) dx = \int_{-\infty}^{+\infty} x^2 \cdot f(x) dx - [E(X)]^2 \tag{2.25}$$

---

8 Esta função será, de fato, utilizada nos Capítulos 6 e 7, mas admitimos que os leitores desses capítulos estejam familiarizados com seu uso. Mais informações a respeito podem ser obtidas em Costa Neto e Cymbalista (2006).

2.6 DISTRIBUIÇÕES DE PROBABILIDADES COMUNS

Os conceitos vistos no item anterior referem-se a variáveis aleatórias genéricas, ou seja, cujas distribuições de probabilidades são absolutamente quaisquer. Algumas distribuições específicas, no entanto, merecem atenção especial por serem de maior importância teórica e prática.

Como exemplo de importantes distribuições geralmente empregadas temos:

a) **Distribuição binomial:**

Em uma situação em que são realizadas n provas independentes, cada uma delas podendo levar apenas a **sucesso** ou **fracasso** (prova de Bernoulli), sendo a probabilidade p de sucesso em cada prova constante, a variável aleatória discreta

X = número de sucessos obtidos nas n provas

tem distribuição de probabilidade "binomial", não sendo difícil verificar que

$$P(X=k) = \binom{n}{k} p^k (1-p)^{n-k}, \quad k = 0, 1, 2, ..., n \qquad (2.26)$$

onde:

$$\binom{n}{k} = \frac{n!}{k!(n-k)!} = \frac{n(n-1)...(n-k+1)}{k(k-1)...3.2.1}$$

é o número de combinações de n elementos tomados k a k.

Pode-se mostrar que, para uma distribuição binomial, se tem:

$$E(X) = np \qquad (2.27)$$

$$V(X) = np(1-p) \qquad (2.28)$$

b) **Distribuição de Poisson:**

Sob certas condições, a variável aleatória discreta

X = número de ocorrências em um intervalo contínuo de observação t

terá "distribuição de Poisson" com $\mu = E(X) = \lambda t$, onde λ é a frequência média de ocorrências no fenômeno, suposta constante. Neste caso, verifica-se que:

$$P(X=k) = \frac{\mu^k e^{-\mu}}{k!}, \quad k = 0, 1, 2, 3, ... \qquad (2.29)$$

As aludidas condições são:
- Em intervalos de observação muito pequenos, a probabilidade de mais de uma ocorrência é desprezível.

- Em intervalos de observação muito pequenos, a probabilidade de uma ocorrência é proporcional ao tamanho do intervalo.
- As ocorrências em intervalos sem ponto comum dão-se independentemente.

A validade das hipóteses acima permite deduzir a expressão (2.29) como um caso-limite da fórmula binomial (2.26) quando $n \to \infty$ $p \to 0$, mantendo-se constante o produto $\mu = np$. Como consequência, resulta que, para uma distribuição de Poisson:

$$V(X) = E(X) = \lambda t. \tag{2.30}$$

c) **Distribuição exponencial:**

É uma distribuição contínua de probabilidades definida pela função densidade

$$f(x) = \begin{cases} 0 & \text{para } x < 0 \\ \lambda e^{-\lambda x} & \text{para } x \geq 0 \end{cases} \tag{2.31}$$

O aspecto característico dessa função é mostrado na Figura 2.6.

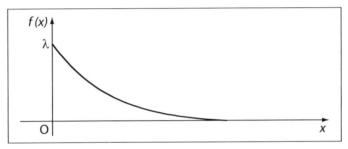

Figura 2.6 – Distribuição exponencial

Verifica-se que, em um "processo de Poisson" (ou seja, um processo probabilístico em que as ocorrências obedecem às hipóteses enunciadas no item b), a distribuição de probabilidades dos intervalos decorridos entre ocorrências consecutivas é exponencial com parâmetro λ. Além disso, tem-se:

$$E(X) = \frac{1}{\lambda} \tag{2.32}$$

$$V(X) = \frac{1}{\lambda^2} \tag{2.33}$$

d) **Distribuição normal ou de Gauss:**

É, possivelmente, a mais importante das distribuições contínuas de probabilidades, sendo definida pela função densidade

$$f(x) = \frac{1}{\sigma\sqrt{2\pi}} \exp\left[-\frac{1}{2}\left(\frac{x-\mu}{\sigma}\right)^2\right], \quad -\infty < x < +\infty \tag{2.34}$$

onde μ é sua média e σ, seu desvio-padrão.

---

9 $\exp[x] = e^x$

O aspecto característico de uma distribuição normal é mostrado na Figura 2.7.

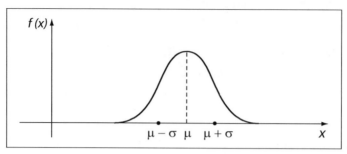

Figura 2.7 – Distribuição normal

A particular distribuição normal com média 0 e variância 1 tem especial importância, sendo denominada normal reduzida ou padronizada e seus valores geralmente designados pela letra grega ξ, notação que adotaremos no presente texto.

O cálculo das probabilidades de intervalos em uma distribuição normal é, em geral, feito com auxílio de tabelas. A Tabela 2.7, por exemplo, fornece as áreas entre o ponto considerado e a média da distribuição normal padronizada, ou seja, ela nos dá as probabilidades $P(0 \leq \xi \leq \xi_0)$. Esta tabela, entretanto, pode ser usada para determinar probabilidades em qualquer distribuição normal, pois:

$$P(\mu \leq X \leq x_0) = P(0 \leq \xi < \xi_0)$$

desde que se tenha

$$\xi_0 = \frac{x_0 - \mu}{\sigma}, \qquad (2.35)$$

ou seja, desde que se entre na Tabela 2.7 com a distância padronizada ξ_0 entre o ponto considerado e a média da distribuição.

Além das distribuições acima descritas, outras serão ainda utilizadas no presente texto. Deixamos, porém, sua apresentação para ser feita nos locais em que aparecem.

Revisão de probabilidades

Tabela 2.7 – Distribuição normal padronizada. Valores de $P(0 \leq \xi \leq \xi_0)$

ξ_0	0	1	2	3	4	5	6	7	8	9
0,0	0,0000	0,0040	0,0080	0,0120	0,0160	0,0199	0,0239	0,0279	0,0314	0,0359
0,1	0,0398	0,0438	0,0478	0,0517	0,0557	0,0596	0,0636	0,0675	0,0714	0,0753
0,2	0,0793	0,0832	0,0871	0,0910	0,0948	0,0987	0,1026	0,1064	0,1103	0,1141
0,3	0,1179	0,1217	0,1255	0,1293	0,1331	0,1368	0,1406	0,1443	0,1480	0,1517
0,4	0,1554	0,1591	0,1628	0,1664	0,1700	0,1736	0,1772	0,1808	0,1844	0,1879
0,5	01915	0,1950	0,1985	0,2019	0,2054	0,2088	0,2123	0,2157	0,2190	0,2224
0,6	0,2257	0,2291	0,2324	0,2357	0,2389	0,2422	0,2454	0,2486	0,2517	0,2549
0,7	0,2580	0,2611	0,2642	0,2673	0,2703	0,2734	0,2764	0,2794	0,2823	0,2852
0,8	0,2881	0,2910	0,2939	0,2967	0,2995	0,3023	0,3051	0,3078	0,3106	0,3133
0,9	0,3159	0,3186	0,3212	0,3238	0,3264	0,3289	0,3315	0,3340	0,3365	0,3389
1,0	0,3413	0,3438	0,3461	0,3485	0,3508	0,3531	0,3554	0,3577	0,3599	0,3621
1,1	0,3643	0,3665	0,3686	0,3708	0,3729	0,3749	0,3770	0,3790	0,3810	0,3830
1,2	0,3849	0,3869	0,3888	0,3907	0,3925	0,3944	0,3962	0,3980	0,3997	0,4015
1,3	0,4032	0,4049	0,4066	0,4082	0,4099	0,4115	0,4131	0,4147	0,4162	0,4177
1,4	0,4192	0,4207	0,4222	0,4236	0,4251	0,4265	0,4279	0,4292	0,4306	0,4319
1,5	0,4332	0,4345	0,4357	0,4370	0,4382	0,4394	0,4406	0,4418	0,4429	0,4441
1,6	0,4452	0,4463	0,4474	0,4484	0,4495	0,4505	0,4515	0,4525	0,4535	0,4545
1,7	0,4554	0,4564	0,4573	0,4582	0,4591	0,4599	0,4608	0,4616	0,4625	0,4633
1,8	0,4641	0,4649	0,4656	0,4664	0,4671	0,4678	0,4686	0,4693	0,4699	0,4706
1,9	0,4713	0,4719	0,4726	0,4732	0,4738	0,4744	0,4750	0,4756	0,4761	0,4767
2,0	04772	0,4778	0,4783	0,4788	0,4793	0,4798	0,4803	0,4808	0,4812	0,4817
2,1	0,4821	0,4826	0,4830	0,4834	0,4838	0,4842	0,4846	0,4850	0,4854	0,4857
2,2	0,4861	0,4864	0,4868	0,4871	0,4875	0,4878	0,4881	0,4884	0,4887	0,4890
2,3	0,4893	0,4896	0,4898	0,4901	0,4904	0,4906	0,4909	0,4911	0,4913	0,4916
2,4	0,4918	0,4920	0,4922	0,4925	0,4927	0,4929	0,4931	0,4932	0,4934	0,4936
2,5	0,4938	0,4940	0,4941	0,4943	0,4945	0,4946	0,4948	0,4949	0,4951	0,4952
2,6	0,4953	0,4955	0,4956	0,4957	0,4959	0,4960	0,4961	0,4962	0,4963	0,4964
2,7	0,4965	0,4966	0,4967	0,4968	0,4969	0,4970	0,4971	0,4972	0,4973	0,4974
2,8	0,4974	0,4975	0,4967	0,4977	0,4977	0,4978	0,4979	0,4979	0,4980	0,4981
2,9	0,4981	0,4982	0,4982	0,4983	0,4984	0,4984	0,4985	0,4985	0,4986	0,4986
3,0	0,4987	0,4987	0,4987	0,4988	0,4988	0,4989	0,4989	0,4989	0,4990	0,4990
3,1	0,4990	0,4993	0,4991	0,4991	0,4992	0,4992	0,4992	0,4992	0,4993	0,4993
3,2	0,4993	0,4993	0,4994	0,4994	0,4994	0,4994	0,4994	0,4995	0,4995	0,4995
3,3	0,4995	0,4995	0,4995	0,4996	0,4996	0,4996	0,4996	0,4996	0,4996	0,4997
3,4	0,4997	0,4997	0,4997	0,4997	0,4997	0,4997	0,4997	0,4997	0,4997	0,4998
3,5	0,4998	0,4998	0,4998	0,4998	0,4998	0,4998	0,4998	0,4998	0,4998	0,4998
3,6	0,4998	0,4998	0,4999	0,4999	0,4999	0,4999	0,4999	0,4999	0,4999	0,4999
3,7	0,4999	0,4999	0,4999	0,4999	0,4999	0,4999	0,4999	0,4999	0,4999	0,4999
3,8	0,4999	0,4999	0,4999	0,4999	0,4999	0,4999	0,4999	0,4999	0,4999	0,4999
3,9	0,5000	0,5000	0,5000	0,5000	0,5000	0,5000	0,5000	0,5000	0,5000	0,5000

2.7. EXERCÍCIOS PROPOSTOS

1. Uma caixa contém quatro bolas brancas, três verdes e duas pretas. Extraindo-se três bolas simultaneamente, calcular a probabilidade de serem:

   a) Todas da mesma cor.

   b) Uma de cada cor.

2. Resolver o problema anterior supondo que as bolas sejam extraídas uma a uma com reposição.

3. Nas condições do problema anterior, calcular a probabilidade de serem necessárias X extrações para sair a primeira bola preta, supondo:

   a) Extrações sem reposição.

   b) Extrações com reposição.

   Definir, em cada caso, a distribuição de probabilidades de X.

4. O semáforo A fica aberto 20 seg/min, o semáforo B, 30 seg/min e o semáforo C, 45 seg/min. Estando esses semáforos bastante espaçados, qual a probabilidade de um motorista encontrar:

   a) Todos os semáforos abertos?

   b) Pelo menos um semáforo fechado?

   c) Apenas um semáforo aberto?

5. Um disco está dividido em setores numerados de 1 a 9, com áreas proporcionais aos respectivos números. O disco é girado ao acaso diante de um ponteiro fixo. Calcular a probabilidade de:

   a) O ponteiro indicar o número 4.

   b) O número indicado ser 4, sabendo-se que é um número par.

   c) Em duas tentativas, o ponteiro indicar o número 4 pelo menos uma vez.

6. No jogo de *crap*, um dos jogadores lança um par de dados. Se a soma dos pontos for 7 ou 11, ele ganha; se for 2, 3 ou 12, ele perde. Caso contrário, ele continuará lançando simultaneamente os dois dados até repetir a soma dos pontos da primeira jogada, caso em que ganha, ou até sair soma 7, caso em que perde. Qual a probabilidade de vitória desse jogador?

   Dado: Sendo q a razão e a_1, o primeiro termo, a soma dos termos de uma progressão geométrica infinita em que $q < 1$ é dada por $\dfrac{a_1}{1-q}$.

7. Uma caixa contém seis bolas brancas e quatro pretas. Três bolas são retiradas simultaneamente dessa caixa e substituídas por bolas azuis. Em seguida, duas bolas são novamente retiradas ao acaso da caixa. Calcular a probabilidade de que sejam da mesma cor.

Revisão de probabilidades

8. No circuito elétrico dado, cada interruptor tem probabilidade 1/2 de estar aberto e os interruptores são independentes entre si. Calcular a probabilidade de haver contato entre os terminais A e B. Havendo contato entre os terminais, qual a probabilidade de o interruptor central estar aberto?

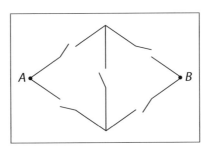

9. Em um laboratório existem duas caixas: uma, contendo três frascos de ácido clorídrico (HCl) e cinco de hidróxido de sódio (NaOH) e, a outra, quatro frascos de HCl e dois de NaOH. Um químico, interessado em obter cloreto de sódio (NaCl) pela conhecida reação entre HCl e NaOH, escolhe uma das caixas ao acaso, com probabilidades proporcionais aos números de frascos que ele vê em cada caixa. Da caixa escolhida, ele retira dois frascos ao acaso. Qual a probabilidade de que possa obter NaCl a partir desses dois primeiros frascos retirados? Supor que, de fato, os dois frascos retirados contenham substâncias diferentes, mas que a quantidade de HCl no frasco retirado é insuficiente. Qual a probabilidade de um terceiro frasco retirado da caixa escolhida conter HCl?

10. Um piloto de Fórmula 1 acaba de entrar no boxe com seu carro. Ele sabe que o carro apresenta, pelo menos, um entre dois problemas: de injeção e/ou de bobina. A probabilidade de haver problema de injeção é de 0,60 e a, de bobina, 0,70. Por outro lado, as probabilidades de o carro retornar à corrida são:

   a) 0,80, se houver só problema de bobina.
   b) 0,40, se houver só problema de injeção.
   c) 0,20, se houver ambos os problemas.

   Pergunta-se:
   a) Qual a probabilidade de que o carro esteja com os dois problemas?
   b) Qual a probabilidade de que o carro retorne à corrida?
   c) Se o carro retornar à corrida, qual à probabilidade de que ele estivesse com os dois problemas?

11. Um jogo entre dois oponentes A e B desenvolve-se em n etapas, cada uma constando de um sorteio conforme se descreve a seguir. Após a i-ésima etapa, os jogadores A e B possuirão, respectivamente, x_i e y_i tentos, ganhando o jogo aquele que, ao final, possuir mais tentos. Considerar que, antes da primeira etapa, os números de tentos atribuídos são x_0 e y_0. O sorteio a ser realizado em cada etapa irá determinar se um novo tento será atribuído ao jogador A ou B, de forma a que:

$$P(x_i = x_{i-1} + 1) = P(y_i = y_{i-1}) = \frac{x_{i-1}}{x_{i-1} + y_{i-1}}$$

$$P(x_i = x_{i-1}) = P(y_i = y_{i-1} + 1) = \frac{y_{i-1}}{x_{i-1} + y_{i-1}}$$

ou seja, a probabilidade de cada jogador receber um novo tento em cada etapa é proporcional ao número de tentos que possui. Numa determinada partida, estabeleceu-se que $x_0 = 2$, $y_0 = 1$ e $n = 4$.

    a) Qual a probabilidade de vitória do jogador A?

    b) Qual a distribuição de probabiliades do número de tentos do jogador A ao final do jogo?

    c) Se, ao final do jogo, o jogador A tiver 5 tentos, qual a probabilidade de ter sido ele o vencedor do sorteio realizado na etapa 2?

12. Uma caixa contém doze cartões numerados de 1 a 12. Dois dados são lançados, sendo retirados da caixa os cartões cujos números sejam inferiores à soma dos pontos obtidos nos dois dados. Pede-se:

    a) Extraindo-se um cartão da caixa, calcular a probabilidade de ser o de número 8.

    b) Tendo sido extraído o cartão de número 8, qual a probabilidade de que a soma dos pontos dos dados tenha sido menor do que 5?

    c) Determinar a distribuição de probabilidades dos números gravados nos cartões existentes na caixa após ter sido retirado ao acaso o cartão de número 8.

13. Calcular a média e a variância da variável aleatória descrita pela seguinte função de probabilidades:

X	P(X)
1	0,15
3	0,25
4	0,30
6	0,20
9	0,10

14. Dois dados são lançados. Calcular a média e a variância da variável aleatória "soma dos pontos obtidos".

15. Uma variável aleatória contínua tem a seguinte função densidade de probabilidade:

    $f(x) = 0$ $x < 0$

    $f(x) = 2kx$ $0 \leq x < 3$

    $f(x) = kx$ $3 \leq x < 5$

    $f(x) = 0$ $x \geq 5$

Determinar:

    a) A constante k *b*) A média de X *c*) A variância de X

3. INTRODUÇÃO À TEORIA DA DECISÃO

3.1 O CASO DO JOGO DE FUTEBOL

Vamos apresentar as noções básicas da Teoria da Decisão mediante um exemplo envolvendo um jogo de futebol.

João é um torcedor apaixonado que está tentando resolver um problema decisório pouco antes de um jogo entre as seleções do Brasil e da Argentina. Trata-se de um jogo decisivo e que terá, necessariamente, um vencedor, pois, em caso de empate, haverá decisão por pênaltis.

Vemos, pois, que, do ponto de vista dos resultados do jogo, temos apenas duas possibilidades, ou, na terminologia da Teoria da Decisão, apenas dois **estados da natureza**[1]:

V = vitória do Brasil
D = derrota do Brasil

João deve optar entre uma de três possíveis ações:

a_1 = Assistir ao jogo no estádio.
a_2 = Assistir ao jogo pela televisão.
a_3 = Ouvir o jogo pelo rádio.

Uma e somente uma dessas ações deverá ser adotada. Os aspectos envolvidos são os seguintes:

1. A ação a_1 envolve toda uma problemática de locomoção e obtenção de ingresso, além do preço a pagar por este, muito provavelmente no câmbio negro. Entretanto, João, como bom brasileiro, consideraria esta, sem dúvida, a ação mais acertada em caso de vitória do Brasil, pois a satisfação pela vitória vivida *in loco* compensaria amplamente todas as dificuldades e despesas. Por outro lado, ir ao estádio para assistir a uma vitória da Argentina seria para João o maior dos sofrimentos e, portanto, a circunstância mais desagradável.

---

[1] Esta terminologia procura enquadrar o fato de, em geral, o agente decisório se defrontar com a natureza que, de fato, se encontra em um certo estado, mas do qual ele não tem conhecimento exato.

2. A ação a_2 envolve o elemento conforto e seria também, sem dúvida, agradável assistir a uma vitória do Brasil pela TV, embora sem as admiráveis emoções do estádio. Entretanto, João não tem televisão e deveria, para isso, ir assistir ao jogo na televisão de um amigo que, por coincidência, é argentino. João sabe que, em caso de vitória da Argentina, este amigo iria submetê-lo a várias gozações, o que tornaria esta circunstância razoavelmente desagradável.

3. A ação a_3 levaria João, em caso de uma vitória do Brasil, a um grande aborrecimento pelo fato de ter deixado escapar a possibilidade de assistir à vitória *in loco* ou mesmo na televisão. A própria alegria pela vitória seria suplantada por esse aborrecimento, o que faz com que João encare essa circunstância como deveras desagradável. Já em caso de derrota do Brasil, o que fazer? Ante o fato consumado, nada como congratular-se por ter-se furtado ao vexame.

Qual a melhor ação a tomar, racionalmente?

A resposta a essa questão não é única e depende dos critérios que venham a ser adotados. Nos itens seguintes, vamos analisar a questão à luz do critério de maximização do valor esperado. Outros possíveis critérios serão mencionados no item 3.10.

3.2 O CRITÉRIO DE MAXIMIZAÇÃO DO VALOR ESPERADO

A fim de se poder chegar a uma decisão, torna-se necessário, nesse ponto da análise, atribuir valores aos possíveis resultados existentes. João decide usar uma escala monetária que é, no fundo, aquela com a qual está mais acostumado a raciocinar.

Depois de alguma introspecção, João resume o resultado de sua atribuição de valores na Tabela 3.1[2]. Cada cela desta tabela representa a coincidência de cada possível ação com cada possível resultado do jogo.

Tabela 3.1 – Atribuição de valores segundo João

Natureza \ Ação	a_1	a_2	a_3
V	1.000	600	– 300
D	– 500	– 100	200

Assim, por exemplo, o valor 1.000 representa o montante que João considera equivalente ao prazer de assistir a uma vitória do Brasil no estádio, mesmo tendo que enfrentar filas, pagar ingresso, etc.

Para completar a análise do problema, falta sabermos qual a **distribuição de probabilidades dos possíveis estados da natureza**. Essa distribuição é, em geral,

---

[2] Admitiremos no Capítulo 4 que esses valores significam reais, por motivos que lá justificaremos.

subjetiva, mas admitamos que João atribua probabilidade 0,6 à vitória do Brasil e 0,4 à da Argentina.

Podemos, agora, representar a situação completa na árvore de decisão mostrada na Figura 3.1, na qual adotamos a convenção a ser mantida doravante de que os nós envolvendo decisão são representados por um quadradinho e os de probabilidade, por uma bolinha.

A solução do problema, agora, é muito simples: percorrendo a árvore de trás para diante, a cada nó de probabilidade associamos o correspondente valor esperado e, a cada nó de decisão, aquela que maximiza o valor esperado.

Denotando a variável aleatória (valor) por X, teremos o valor esperado $E(X \mid a_1) = 400$, se a ação tomada for a_1. Analogamente, para as ações a_2 e a_3, teremos $E(X \mid a_2) = 320$ e $E(X \mid a_3) = -100$.

A ação ótima será portanto a_1, que corresponde ao valor esperado de 400. Representamos tal fato na árvore, reforçando a linha correspondente à ação a_1 e escrevemos:

$$E(X) = \max_{j=1,2,3} \{E(X \mid a_j)\} = E(X \mid a_1) = 400$$

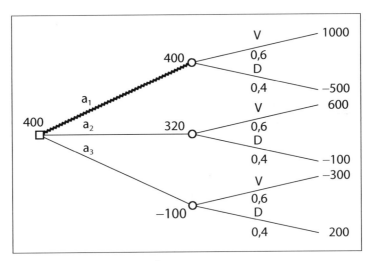

Figura 3.1 – Árvore da decisão de João

Este cálculo poderia, evidentemente, ser feito sem o auxílio da árvore de decisão, utilizando, por exemplo, a própria Tabela 3.1. A árvore é, entretanto, um instrumento muito útil para problemas um pouco mais complicados, conforme veremos a seguir.

3.3 SOLUÇÃO GERAL DO PROBLEMA

Suponhamos agora que João, ao analisar o problema, não tenha uma ideia clara de qual seja a distribuição de probabilidades dos estados da natureza. Admitamos mesmo que, tendo andado um pouco alheio às lides futebolísticas, ele não esteja em condição de atribuir um valor à probabilidade de o Brasil ganhar o jogo com um mínimo de segurança. Entretanto, João terá a oportunidade de se encontrar, pouco tempo antes do início do jogo, com um amigo que poderá lhe dizer com confiança qual a real probabilidade de uma vitória do Brasil.

O problema de João passa a ser, portanto, o de descobrir qual a melhor ação em função da probabilidade desconhecida p de uma vitória do Brasil. Uma vez revelado o valor de p, a ação ótima ficará imediatamente determinada.

Ora, sendo E_j o valor esperado se for adotada ação a_j, temos, dos dados da Tabela 3.1[3]:

$$E_1 = 1.000\, p - 500\, (1-p) = 1.500\, p - 500$$
$$E_2 = 600\, p - 100\, (1-p) = 700\, p - 100$$
$$E_3 = -300\, p + 200\, (1-p) = -500\, p + 200$$

As retas representativas de E_1, E_2 e E_3 foram traçadas na Figura 3.2.

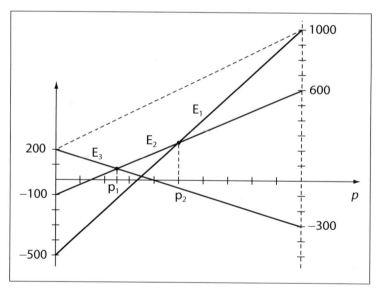

Figura 3.2 – Retas representativas do valor esperado em função de p

Vemos que a maximização do valor esperado é conseguida adotando-se ação a_3 se $p \le p_1$, ação a_2 se $p_1 \le p \le p_2$ e ação a_1 se $p \ge p_2$. A solução geral do problema será obtida determinando-se p_1 e p_2, o que é imediato de:

$$700\, p_1 - 100 = -500\, p_1 + 200 \therefore p_1 = 0{,}25$$
$$1.500\, p_2 - 500 = 700\, p_2 - 100 \therefore p_2 = 0{,}50$$

---

3 Note-se que seria a rigor mais exato denotar E_j por $E(X\,|\,a_j, p)$ evidenciando o condicionamento do valor esperado à ação a_j e à probabilidade p.

Portanto, a solução geral do problema é:

se $\quad p \le 0{,}25 \to$ ação a_3
se $\quad 0{,}25 \le p \le 0{,}50 \to$ ação a_2
se $\quad p \ge 0{,}50 \to$ ação a_1

Conhecendo esta solução geral, João poderá ir tranquilo ao encontro de seu amigo antes do jogo, sabendo exatamente o que fazer ao tomar conhecimento do valor de p.

Note-se que, no item 3.2, admitimos p = 0,6, o que levou à adoção da ação a_1, compatível com o que foi visto.

A análise que fizemos foi grandemente facilitada, é claro, pelo fato de termos apenas dois possíveis estados da natureza. Entretanto, poderia ser feita havendo mais estados, chegando-se a relações analíticas entre as probabilidades que definiriam a ação ótima em cada caso.

3.4 CLARIVIDÊNCIA OU INFORMAÇÃO PERFEITA

Suponhamos agora que João possa consultar um adivinho que lhe dirá com certeza, por antecipação, quem vencerá o jogo (os autores deste livro agradecerão deveras ao leitor que lhes possa indicar um adivinho efetivamente dotado do dom da clarividência). Qual seria o valor da consulta a esse adivinho para João? Em outras palavras, João estaria disposto a pagar até quanto para obter a informação do adivinho?

A questão proposta é a de determinar o valor esperado da clarividência, ou **valor esperado da informação perfeita** (VEIP). Para tanto, basta verificarmos qual seria o valor esperado com informação perfeita. A árvore resultante, sabendo-se que se disporá de informação perfeita, é mostrada na Figura 3.3, onde vemos facilmente que o valor esperado com informação perfeita é 680. Como o valor esperado sem o

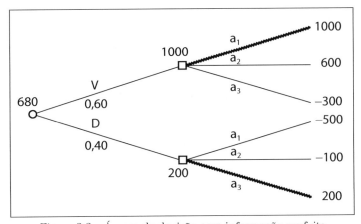

Figura 3.3 – Árvore de decisão com informação perfeita

recurso do adivinho era 400, conforme se calculou no item 2.2, temos que o VEIP será a diferença, ou seja, 280.

Ou seja, designando por $\mathscr{C}$ a clarividência e por X a variável aleatória valor, o que fizemos para calcular o valor esperado da clarividência foi:

$$E(X \mid \mathscr{C}) = 1\,000 \cdot 0{,}6 + 200 \cdot 0{,}4 = 680$$

$$\therefore E(\mathscr{C}) = E(X \mid \mathscr{C}) - E(X) = 680 - 400 = 280.$$

Note-se que o efeito da clarividência é o de se conhecer o estado da natureza antes de se tomar a decisão. Na prática, isso é quase sempre impossível. No entanto, o VEIP pode ser um dado muito útil, pois representa um limite superior para o valor de qualquer informação adicional.

Admitindo-se agora, conforme foi feito no item 3.3, que a probabilidade de vitória do Brasil seja p, vemos da Figura 3.3 que:

$$E(X \mid \mathscr{C}, p) = 1.000\,p + 200\,(1-p) = 800\,p + 200.$$

Ora, esta equação representa a reta que passa pelos pontos (0, 200) e (1, 1.000) da Figura 3.2, representada na mesma por uma linha interrompida. O valor esperado da clarividência é dado, para cada p, pela diferença de ordenadas entre essa linha e o contorno superior formado pelas demais retas. Vemos, pois, que o VEIP depende da distribuição prévia admitida para os estados da natureza.

3.5 EXPERIMENTAÇÃO

Consideremos agora que João possa recorrer a um experimento que, quando utilizado, ajuda a melhorar seu conhecimento quanto à distribuição de probabilidades dos estados da natureza. Tal experimento pode, digamos, consistir em consultar um especialista em futebol que lhe dirá: "O Brasil vai vencer" ou "O Brasil vai perder", com probabilidades bastante boas de acertar.

Admitamos que, em casos de vitória, nosso especialista acerte suas previsões 70% das vezes e, em casos de derrota, 80%. Designando a previsão de vitória por "V" e a previsão de derrota por "D", temos então as características do especialista dadas na Tabela 3.2, que fornece, evidentemente, as probabilidades das previsões condicionadas aos estados da natureza[4].

Tabela 3.2 – Características do experimento

	"V"	"D"
V	0,70	0,30
D	0,20	0,80

---

4   A apresentação feita aqui é análoga à do Exemplo 1 do item 2.4.

Introdução à teoria da decisão

Levando em conta que a distribuição de probabilidades que João originalmente associa aos estados da natureza, que chamamos de **distribuição prévia**, é tal que $P(V) = 0{,}6$ e $P(D) = 0{,}4$, chegamos à distribuição bidimensional dada na Tabela 3.3, a qual é, conforme sabemos de 2.4, adequada à aplicação do Teorema de Bayes.

Tabela 3.3 – Distribuição bidimensional

	"V"	"D"	Total
V	0,42	0,18	0,60
D	0,08	0,32	0,40
Total	0,50	0,50	1,00

Vemos que:

$P(\text{``}V\text{''}) = P(\text{``}D\text{''}) = 0{,}50$ (por mera coincidência)

$$P(V \mid \text{``}V\text{''}) = \frac{0{,}42}{0{,}50} = 0{,}84 \quad \therefore P(D \mid \text{``}V\text{''}) = 0{,}16$$

$$P(V \mid \text{``}D\text{''}) = \frac{0{,}18}{0{,}50} = 0{,}36 \quad \therefore P(D \mid \text{``}D\text{''}) = 0{,}64$$

Esses resultados, ou seja, as probabilidades totais de *"V"* e *"D"* mais as distribuições de probabilidades dos estados da natureza posteriores a *"V"* e a *"D"*, serão fundamentais para a análise da árvore de decisão de João com a experimentação.

A construção dessa árvore de decisão deve ser feita de forma a representar a ordem cronológica com que os acontecimentos ocorrem para João, isto é, a ordem em que ele tomará conhecimento dos fatos e escolherá suas ações. O leitor poderá verificar que isso, de fato, ocorre na árvore apresentada na Figura 3.4, na qual já foram representadas as probabilidades calculadas anteriormente e, inclusive, apresentados os resultados obtidos em sua análise.

A análise, como sempre, consistiu em percorrer a árvore em sentido retroativo, calculando o valor esperado correspondente a cada nó de probabilidade e adotando a ação maximizante para cada nó de decisão.

Da análise da árvore vemos que a estratégia ótima é: se o especialista predisser vitória (*"V"*), ir ao estádio (ação a_1), e, se ele predisser derrota (*"D"*), ver o jogo pela televisão (ação a_2). Isso leva a um valor esperado com experimentação de 456. Como era de 400 o valor esperado sem experimentação, concluímos que o valor da consulta ao especialista é 56.

Fazendo uso da notação que apresentamos anteriormente,

$$E(X \mid \text{``}V\text{''}) = 760; \qquad E(X \mid \text{``}D\text{''}) = 152$$

ANÁLISE ESTATÍSTICA DA DECISÃO

e, denotando por $\Im$ a informação imperfeita que o especialista fornece a João,

$$E(X \mid \Im) = P(\text{``}V\text{''}) \cdot E(X \mid \text{``}V\text{''}) + P(\text{``}D\text{''}) \cdot E(X \mid \text{``}D\text{''}) =$$
$$= 0{,}50 \cdot 760 + 0{,}50 \cdot 152 = 456$$

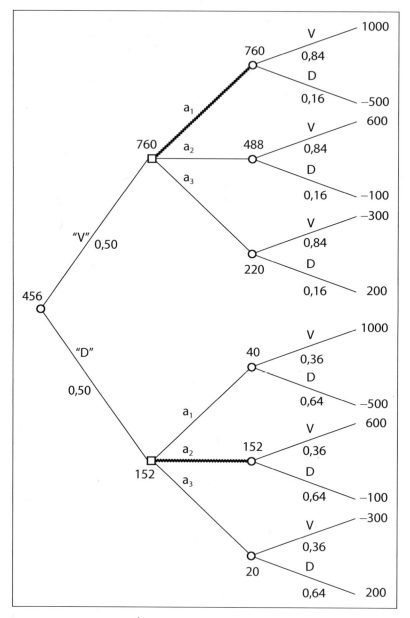

Figura 3.4 – Árvore de decisão com experimentação

O leitor fica convidado a imaginar em que condições uma experimentação terá valor nulo.

Note-se também que a árvore de decisão de João poderia ser ampliada, levando em conta a decisão inicial de consultar ou não o especialista o qual, é claro, deve ter seu preço. Isso, entretanto, não mudaria em nada a essência do problema e, por isso, não nos preocupamos mais com a questão.

3.6 FORMA NORMAL DE ANÁLISE

Voltando ao caso do jogo de futebol descrito no item 3.1, admitamos que João resolveu recorrer à opinião do especialista descrito no item 3.5.

O problema de João é, portanto, o de definir que ação adotará em função de cada possível opinião emitida pelo especialista. Já vimos qual a solução, se admitirmos que $p = P(V) = 0,6$. Imaginemos, entretanto, analogamente ao que foi feito no item 3.3, que p é um valor desconhecido. Devemos, então, buscar uma solução geral para o problema, o que, neste caso, é facilitado por termos apenas dois possíveis estados da natureza.

Para tanto, o problema decisório de João deverá ser caracterizado por meio do conjunto de todas as **estratégias** disponíveis. O problema assim caracterizado é dito em sua **forma normal**[5].

Será, portanto, fundamental definirmos corretamente o conceito de estratégia bem como, posteriormente, como instrumento de análise, as ideias de dominância e admissibilidade. Isso será feito a seguir.

3.7 ESTRATÉGIAS PURAS E MISTAS

Uma **estratégia** é um conjunto de regras de procedimento a serem adotadas em cada uma das situações possíveis de ocorrer durante um processo decisório qualquer. Uma estratégia que prescreve deterministicamente qual a ação a adotar em cada possível situação é dita uma **estratégia pura**.

Dado um conjunto de estratégias puras, podemos criar novas estratégias associando distribuições de probabilidades a essas estratégias puras, isto é, escolhendo probabilisticamente qual estratégia pura será utilizada em cada caso. Às estratégias assim criadas chamamos **estratégias mistas**[6].

Em nosso exemplo, como João dispõe de três possíveis ações e o experimento pode apresentar dois possíveis resultados, existem $3^2 = 9$ estratégias puras que João poderá imaginar. Essas estratégias são apresentadas a seguir, valendo a convenção

---

[5] A caracterização alternativa do problema por meio da árvore de decisão vista no item 3.5 é chamada forma extensiva.

[6] O uso de estratégias mistas é particularmente importante na Teoria dos Jogos (ver Apêndice).

ANÁLISE ESTATÍSTICA DA DECISÃO

segundo a qual (a_r, a_s) representa a estratégia que consiste em adotar ação a_r, se o resultado do experimento for "V", e ação a_s, se for "D".

$$e_1 = (a_1, a_1)$$
$$e_2 = (a_1, a_2)$$
$$e_3 = (a_1, a_3)$$
$$e_4 = (a_2, a_1)$$
$$e_5 = (a_2, a_2)$$
$$e_6 = (a_2, a_3)$$
$$e_7 = (a_3, a_1)$$
$$e_8 = (a_3, a_2)$$
$$e_9 = (a_3, a_3)$$

Vemos que algumas dessas estratégias parecem lógicas e outras, não. Entretanto, foi nossa intenção representar o conjunto completo de todas as estratégias puras disponíveis a João, em vista do que segue.

3.8 DOMINÂNCIA E ADMISSIBILIDADE

Prosseguiremos a análise verificando qual o valor esperado fornecido por cada estratégia para cada possível estado da natureza. Para facilitar a visualização do leitor, reproduzimos aqui o conteúdo das Tabela 3.1 (valores segundo João) e 3.2 (características do experimento), condensadas na Tabela 3.4.

Tabela 3.4 – Valores segundo João e características do experimento

	a_1	a_2	a_3	"V"	"D"
V	1.000	600	300	0,70	0,30
D	– 500	– 100	200	0,20	0,80

Usaremos a notação:

$E(e_i | V)$ = Valor esperado usando-se estratégia e_i, sendo V o estado da natureza.

$E(e_i | D)$ = Valor esperado usando-se estratégia e_i, sendo D o estado da natureza.

Notando-se que as estratégias e_1, e_5 e e_9 prescrevem a ação independentemente do resultado do experimento, vemos imediatamente que $E(e_1 | V) = 1.000$, $E(e_5 | V) = 600$, $E(e_9 | V) = -300$, $E(e_1 | D) = -500$, $E(e_5 | D) = -100$ e $E(e_9 | D) = 200$.

Para as demais estratégias, devemos ter em conta os possíveis resultados do experimento. Por exemplo, para a estratégia e_2, temos:

$$E(e_2 | V) = 1.000 \cdot P(\text{"V"} | V) + 600 \cdot P(\text{"D"} | V) =$$
$$= 1.000 \cdot 0{,}70 + 600 \cdot 0{,}30 = 880$$
$$E(e_2 | D) = -500 \cdot P(\text{"V"} | D) - 100 \cdot P(\text{"D"} | D) =$$
$$= -500 \cdot 0{,}20 - 100 \cdot 0{,}80 = -180$$

Introdução à teoria da decisão

A Tabela 3.5 resume os resultados obtidos para as nove estratégias existentes.

Tabela 3.5 – Valores de $E(e_i | V)$ e $E(e_i | D)$

e_i	$E(e_i|V)$	$E(e_i|D)$
e_1	1.000	-500
e_2	880	-180
e_3	610	60
e_4	720	-420
e_5	600	-100
e_6	330	140
e_7	90	-360
e_8	-30	-40
e_9	-300	200

Vamos agora representar os pontos $[E(e_i | V), E(e_i | D)]$ em um gráfico cartesiano. Cada ponto corresponderá à respectiva estratégia e_i. O resultado é mostrado na Figura 3.5, na qual os pontos extremos do conjunto de pontos obtido foram unidos formando um polígono convexo. Note-se que os pontos localizados sobre os lados do polígono correspondem a misturas probabilísticas das estratégias representadas pelos pontos extremos dos segmentos.

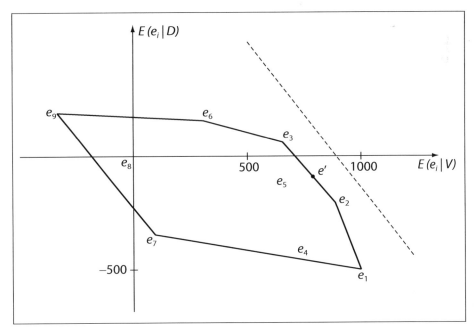

Figura 3.5 – Pontos representativos das estratégias e_i

Ora, torna-se evidente que algumas das estratégias podem ser descartadas por serem claramente inferiores a alguma outra. Por exemplo, a estratégia e_4 é indiscutivelmente inferior a e_2, pois fornece valor esperado menor, qualquer que seja o estado da natureza. Por motivos análogos, e_5, e_7 e e_8 podem também ser postas fora de cogitação.

Podemos exprimir o fato acima exposto dizendo que a estratégia e_4 é **dominada** pela e_2 ou que e_2 é **dominante** em relação a e_4. Da mesma forma, e_5 é dominada por e_3, e_8 por e_3 e e_6, e e_7 por e_2, e_3, e_5 e e_6.

De fato, em um problema de maximização do valor esperado, a dominância pode ser verificada graficamente pela existência de alguma estratégia cujo ponto representativo esteja no quadrante acima e à direita do ponto considerado. Evidentemente, em problemas de minimização da perda esperada, a dominância verificar-se-ia para pontos no quadrante abaixo e à esquerda do ponto considerado.

Mais ainda: na verdade, qualquer ponto que, num problema de maximização, não esteja sobre o contorno nordeste do polígono corresponde a uma estratégia dominada. É claro que, para muitos desses pontos, não existirá uma única estratégia que, sozinha, seja dominante. Mas haverá uma combinação de duas (ou mais) estratégias que fornecerão alguma estratégia mista dominante em relação à considerada. Por exemplo: se tivéssemos na Figura 3.5 uma estratégia dada pelo ponto (700, – 100), ela seria dominada, entre outras, por uma estratégia mista que consistisse em escolher e_2 ou e_3 com igual probabilidade. Designemo-la por e'.

O ponto representativo dessa estratégia mista seria exatamente o ponto médio do segmento e_2 —— e_3, isto é, (745, – 60), dominante em relação a (700, – 100)[7].

Chegamos, então, à existência de um **contorno admissível**, em nosso caso o contorno nordeste do polígono, que contém as estratégias (puras ou mistas) que não são dominadas por nenhuma outra e onde, portanto, devemos encontrar a solução do problema.

3.9 SOLUÇÃO PELA ANÁLISE DA FORMA NORMAL

Devemos agora verificar qual ponto do contorno admissível maximiza o valor esperado. Isso poderia ser feito diretamente pela árvore de decisão uma vez conhecida a distribuição de probabilidades dos estados da natureza. Estamos, no entanto, interessados na solução geral do problema e vamos, portanto, admitir desconhecido o valor $p = P(V)$.

Podemos, porém, considerar que o valor esperado usando estratégia e_i é dado por

$$E(e_i) = p \cdot E(e_i \mid V) + (1-p) \cdot E(e_i \mid D) \tag{3.1}$$

---

[7] Uma estratégia mista associando probabilidade p a e_r e $1-p$ a e_s teria seu ponto representativo situado sobre o segmento e_r —— e_s, sendo as distâncias aos pontos e_r e e_s inversamente proporcionais às respectivas probabilidades. Por outro lado, num espaço a n dimensões, qualquer ponto interno ao conjunto de pontos originais pode ser representativo de uma estratégia mista envolvendo $n + 1$ estratégias puras.

Chamando, para simplificar, $E(e_i) = k$, $E(e_i | V) = x$ e $E(e_i | D) = y$, temos:

$$k = p x + (1 - p)y \qquad (3.2)$$

$$\therefore y = \frac{k}{1-p} - \frac{p}{1-p} x \qquad (3.3)$$

Esta é a equação de um feixe de retas paralelas com inclinação negativa dada pelo coeficiente angular $-\frac{p}{1-p}$ e parâmetro k. Variando k, deslocamos uma reta genérica do feixe paralelamente a si própria. Resta saber qual o máximo valor de k (ou seja, a reta mais acima) compatível com a existência de pelo menos uma estratégia do contorno admissível. Ou seja, podemos deslocar a reta genérica do feixe para cima até onde ela ainda tenha pelo menos um ponto em comum com o contorno admissível, e este ponto corresponderá à estratégia ótima, pois maximiza $k = E(e_i)$.

Em nosso exemplo, considerando, como no item 3.2, $p = 0,6$, temos:

$$\frac{p}{1-p} = \frac{0,6}{0,4} = 1,5$$

e, portanto, o feixe de retas definido por (3.3) tem a inclinação da reta interrompida mostrada na Figura 3.5. Deslocando essa reta paralelamente a si própria até tocar o contorno admissível, vemos que, para $p = 0,6$, a estratégia ótima é e_2, confirmando o resultado obtido no item 3.5.

Para obter a solução geral do problema, basta agora imaginarmos p variando de 0 a 1.

É evidente que, se $p = 0$, o feixe de paralelas será horizontal e a estratégia ótima será e_9. A estratégia ótima também será e_9 para valores de p bastante próximos de 0 até que o feixe de paralelas tenha a mesma inclinação do segmento e_6 —— e_9, que é de

$$\frac{200 - 140}{-300 - 330} = -\frac{60}{630} = -\frac{2}{21},$$

quando e_6 e e_9 serão ambas estratégias ótimas, bem como qualquer estratégia mista baseada apenas nessas duas estratégias puras. Nesta situação,

$$\frac{p}{1-p} = \frac{2}{21} \therefore p = \frac{2}{23},$$

donde concluímos que e_9 é a estratégia ótima se $0 \le p \le \frac{2}{23}$.

Evidentemente, para valores de p pouco maiores que $\frac{2}{23}$, a estratégia ótima será e_6 até um novo valor crítico determinado de modo análogo ao anterior, para o qual e_3 e e_6 serão ambas ótimas e assim por diante.

ANÁLISE ESTATÍSTICA DA DECISÃO

O leitor poderá, sem grande dificuldade, verificar que a solução geral do problema de João com experimentação é a seguinte:

$$0 \leq p \leq \frac{2}{23} \rightarrow \text{estratégia } e_9$$

$$\frac{2}{23} \leq p \leq \frac{2}{9} \rightarrow \text{estratégia } e_6$$

$$\frac{2}{9} \leq p \leq \frac{8}{17} \rightarrow \text{estratégia } e_3$$

$$\frac{8}{17} \leq p \leq \frac{8}{11} \rightarrow \text{estratégia } e_2$$

$$\frac{8}{11} \leq p \leq 1 \rightarrow \text{estratégia } e_1$$

3.10 OUTROS CRITÉRIOS DE DECISÃO

Ao analisar, no item 3.2, o problema decisório de João, utilizamos o critério de maximização do valor esperado para a obtenção da solução ótima. Esse critério baseia-se, por excelência, na consideração de uma distribuição de probabilidades associada aos possíveis estados da natureza.

Outros critérios, entretanto, poderiam ser usados. João poderia, por exemplo, ser bastante conservador e desejar se resguardar, da melhor forma possível, do pior resultado que possa ocorrer para cada ação adotada. Este seria o critério **maximin**, isto é, da maximização dos valores mínimos produzidos por ação. Ora, os valores mínimos correspondentes às ações a_1, a_2 e a_3 são, respectivamente, -500, -100 e -300 e o máximo deles leva à escolha da ação a_2. Esse procedimento leva à garantia de que, na pior hipótese, o resultado não será inferior a -100, mas peca por ignorar a distribuição de probabilidade dos estados da natureza, o que, muitas vezes, é de fundamental importância. Se os valores considerados fossem perdas, o critério correspondente seria **minimax**, correspondendo à escolha da ação que minimiza as perdas máximas. Ainda de maneira semelhante, o otimista critério **maximax** levaria João à opção pela ação a_1.

Uma variante do critério minimax é sugerida por Savage, que propõe a minimização do "máximo arrependimento" correspondente a cada estado da natureza. O arrependimento, ou perda de oportunidade, corresponde à diferença entre o resultado obtido com a ação adotada e aquele que seria obtido se fosse adotada a melhor ação.

Os critérios **maximin** e **minimax** acima mencionados têm grande importância no estudo da Teoria dos Jogos. Nesse contexto, o agente decisório não enfrenta a natureza desinteressada, mas um outro agente decisório com interesses opostos, o que justifica uma atitude de pessimismo e cautela. Uma abordagem introdutória à Teoria dos Jogos é apresentada no apêndice deste livro.

3.11 EXERCÍCIOS PROPOSTOS

1. Um empresário dispõe de R$ 100.000,00. Ele tem a possibilidade de optar por um entre dois negócios: o negócio A, que, com iguais probabilidades, o leva, em 20 dias, a um lucro de R$ 80.000,00 ou a uma perda de R$ 40.000,00; e o negócio B, que, com probabilidades iguais a 0,3 e 0,7, o levará, respectivamente, no mesmo prazo, a um lucro de R$ 100.000,00 ou a uma perda de R$ 30.000,00. Entretanto, ele sabe que, dentro de 30 dias, terá a oportunidade de participar de dois outros negócios: o negócio C, que exige um investimento de R$ 200.000,00 e poderá, com probabilidades 0,6 e 0,4, levar, respectivamente, a um lucro líquido de R$ 100.000,00 ou a uma perda líquida de R$ 20.000,00; e o negócio D, que exige um investimento de R$ 150.000,00 e poderá, com probabilidades 0,7 e 0,3, levar, respectivamente, a um lucro líquido de R$ 50.000,00 ou a uma perda líquida de R$ 40.000,00. É fácil verificar que todos os negócios citados são vantajosos, portanto o empresário não deverá desperdiçar oportunidades de deles participar. Nessas, condições:

   a) Construir uma árvore representativa do problema.

   b) Citar os possíveis cursos de ação do empresário.

   c) Como você procederia, se fosse o empresário?

2. Têm-se duas moedas honestas e uma que dá 75% de caras. Uma das moedas é selecionada ao acaso, cabendo então ao agente decisório adivinhar se a moeda é honesta ou viciada. Se acertar, ganhará R$ 30,00; se errar, perderá R$ 20,00.

   a) Determinar o VEIP.

   b) Determinar até quanto convém ao agente decisório pagar para jogar uma vez a moeda escolhida antes de enunciar o palpite.

   c) Qual o procedimento que deve ser seguido pelo agente decisório no caso do item b?

3. São dadas cinco urnas idênticas, duas das quais contêm uma nota de R$ 100,00. As demais estão vazias. Chamemo-las urnas boas e más, respectivamente. As urnas boas têm sobre si uma carta retirada, ao acaso, de um baralho, do qual foram previamente extraídas as figuras. As urnas más têm sobre si uma carta retirada de um baralho do qual foram previamente extraídos os ases. Um jogador tem a chance de escolher uma urna e abri-la, ficando com seu conteúdo. Antes, porém, poderá ou não olhar a respectiva carta. Se olhar, poderá abrir a mesma urna escolhida ou optar por abrir qualquer das outras. Pede-se:

   a) Representar essa situação em uma árvore de decisão completa.

   b) Determinar a regra de ação ótima do jogador.

ANÁLISE ESTATÍSTICA DA DECISÃO

4. Considerar a árvore de decisão dada na Figura 3.6.
   Pede-se:
   a) Determinar o VEIP.
   b) Determinar o valor do experimento envolvido.

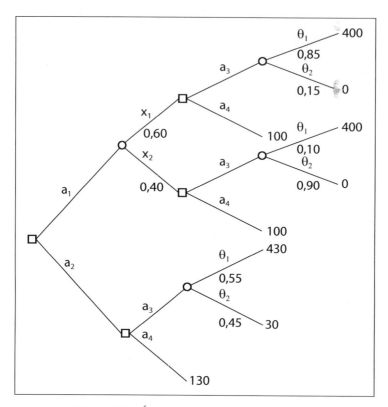

Figura 3.6 – Árvore de decisão do Problema 4

5. Determinar o conjunto de todas as possíveis estratégias correspondentes à árvore de decisão do problema anterior.

6. Os Cabeludinhos, um grupo de rock muito em voga, tem a intenção de gravar um novo CD. A gravadora tem sérias dúvidas sobre a receptividade do material e acredita que há uma chance em quatro de o CD se tornar sucesso. A gravação e a distribuição do CD custam R$ 20.000,00 e, se for um sucesso, a gravadora lucrará R$ 120.000,00; se for um fracasso, a gravadora terá apenas uma pilha de discos encalhados em suas mãos. Se o CD não for gravado, não haverá lucro nem prejuízo.
   a) Vale a pena gravar o CD?
      Qual o valor esperado?
   b) A gravadora pode consultar um disk jockey, que tem informação perfeita sobre o processo mental da juventude atual. Quanto vale sua colaboração?
   c) Como alternativa, a gravadora pode encomendar uma pesquisa de opinião pública a conhecido instituto que, com 60% de probabilidade prevê um su-

cesso (se o CD for realmente um sucesso) e, com 80% de probabilidade, prevê um fracasso (se o CD realmente fracassar). Quanto valem os serviços do instituto?

7. Dois jogadores J_1 e J_2 enfrentam-se em um jogo de pôquer simplificado, no qual as seguintes ações são possíveis:

   A – apostar
   Ps – passar
   Pg – pagar
   R – repicar
   F – fugir

   O jogo considerado é descrito em todos os seus aspectos pela árvore dada na Figura 3.7, na qual os resultados numéricos significam ganhos para o jogador J_1. O sinal ± indica a dependência das cartas que cada um apresentar. Pede-se indicar os conjuntos de possíveis estratégias de J_1 e J_2. Existe alguma estratégia que seja inadmissível? Caso afirmativo, quais? Caso negativo, por quê?

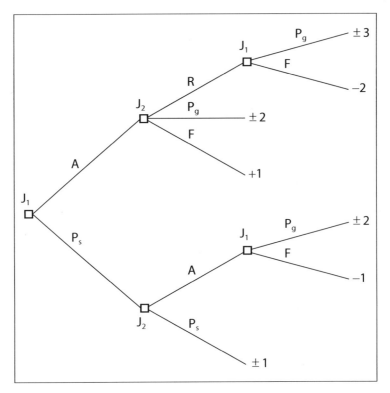

Figura 3.7 – Pôquer simplificado

8. Em um problema de decisão, existem dois possíveis estados da natureza (θ_1 e θ_2) e três possíveis ações a serem adotadas pelo decisor (a_1, a_2 e a_3). Os pos-

síveis resultados monetários são dados na tabela abaixo, em uma unidade conveniente:

	a_1	a_2	a_3
θ_1	2	1	-2
θ_2	-4	-1	5

Um experimento é disponível, com dois possíveis resultados (x_1 e x_2), tal que $P(x_1 \mid \theta_1) = 0{,}9$ e $P(x_1 \mid \theta_2) = 0{,}4$. Seja $p = P(\theta_1)$, $0 \le p \le 1$.

a) Apresentar a solução geral do problema sem considerar o experimento.
   Sugestão: fazer um gráfico.
b) Determinar o VEIP se $p = 0{,}7$.
c) Fazer um gráfico do VEIP em função de p.
d) Qual a estratégia ótima e o valor do experimento se $p = 0{,}7$?

9. Com referência ao exercício anterior:
   a) Quantas são as possíveis estratégias envolvendo o experimento?
      Construir um diagrama cartesiano, no qual essas estratégias fiquem convenientemente representadas por um conjunto de pontos, e indicar quais as estratégias admissíveis.
   b) Imaginar uma estratégia que consistisse em, independentemente do resultado do experimento, adotar a ação a_1 com probabilidade 0,25 e ação a_2 com probabilidade 0,75. Quais as coordenadas do ponto representativo dessa estratégia no diagrama acima mencionado?
   c) Apresentar a solução geral do problema com o experimento.

10. Imaginar um clarividente parcial que, com probabilidade p, possa oferecer clarividência e, com probabilidade $1 - p$, nada possa dizer. Mostrar que o valor dos serviços desse clarividente é $(1 - p)$ VEIP.

11. Em um problema decisório, é dada a tabela de perdas abaixo:

Natureza	Ações		
	a_1	a_2	a_3
t_1	1	2	3
t_2	5	2	3
t_3	7	6	3

Existe a possibilidade de se realizar um experimento cujas características são dadas abaixo:

Natureza	Observações			
	x_1	x_2	x_3	x_4
t_1	1/2	1/4	1/4	0
t_2	1/3	1/3	1/3	0
t_3	0	0	1/3	2/3

A distribuição prévia associa probabilidades 0,3, 0,3 e 0,4 aos estados da natureza t_1, t_2 e t_3, respectivamente.

Pede-se:

a) Determinar a estratégia que minimiza a perda esperada.

b) Determinar o valor do experimento.

c) Determinar o VEIP.

12. Com referência ao problema anterior:

    a) Quantas são as possíveis estratégias puras?

    b) Indicar pelo menos uma estratégia admissível não trivial.

    c) Indicar pelo menos uma estratégia claramente inadmissível.

    d) Existe alguma estratégia admissível que não envolva a ação a_3? Justificar.

13. Em um problema decisório, temos a seguinte matriz de ganhos:

	a_1	a_2	a_3	a_4	a_5
θ_1	0	2	3	6	2
θ_2	8	8	6	4	3

a) Eliminar as ações inadmissíveis por dominância.

b) Apresentar a solução geral do problema.

c) Supondo um experimento com as seguintes características:

	x_1	x_2
θ_1	0,1	0,9
θ_2	0,7	0,3

indicar a estratégia envolvendo o experimento que seguramente será ótima se $P(\theta_1) = P(\theta_2)$.

ANÁLISE ESTATÍSTICA DA DECISÃO

14. Considerar o problema decisório dado pela tabela abaixo, onde os valores indicam ganhos esperados.

	a_1	a_2	a_3	a_4
θ_1	1	3	6	4
θ_2	6	1	3	2

a) Descobrir uma estratégia mista envolvendo a_1, a_2 e a_3 que seja equivalente a a_4.

b) Qual a distribuição dos estados da natureza para a qual haveria mais de uma estratégia ótima?

c) Qual o VEIP, se $P(\theta_1) = 0,7$?

15. Mário sabe que a probabilidade prévia de a mãe de Joana sair em qualquer noite é 60%. Joana só fica sabendo dos planos da mãe às 18 horas e, então, às 18h15 ela tem uma única chance de gritar uma mensagem em código a Mário, que mora do outro lado do rio. Acontece que a voz de Joana não é lá essas coisas e o rio é meio barulhento, de forma que Mário tem dificuldade em entender a mensagem. Antes de mais nada, Mário deverá decidir qual das duas mensagens "A" e "B" Joana empregará para exprimir "Mamãe vai sair" e Mamãe vai ficar". Usando a notação:

A = Joana grita a mensagem "A".
B = Joana grita a mensagem "B".
a = Mário entende "A".
b = Mário entende "B".

e sendo dados:

$$P(a|A) = \frac{2}{3}; P(b|A) = \frac{1}{3}; P(b|B) = \frac{3}{4}; P(a|B) = \frac{1}{4}$$

a) Qual dos dois códigos

Código I $\begin{cases} A - \text{"Mamãe vai sair"}. \\ B - \text{"Mamãe vai ficar"}. \end{cases}$

Código II $\begin{cases} A - \text{"Mamãe vai ficar"}. \\ B - \text{"Mamãe vai sair"}. \end{cases}$

minimiza a probabilidade de erro de transmissão?

b) Mário atribui os seguintes valores às consequências:

	Mãe de Joana sai	Mãe de Joana em casa
Mário vai à casa de Joana	+ 30	− 30
Mário fica em casa	− 5	0

Qual dos dois códigos maximiza o valor esperado?

c) Qual o valor de uma linha telefônica da casa de Joana à de Mário?

16. Considerar o problema decisório definido pela tabela de ganhos dada abaixo:

	a_1	a_2	a_3	a_4
θ_1	8	7	1	5
θ_2	0	3	7	4

a) Qual a solução geral do problema?

b) Calcular o ganho esperado e o VEIP se $P(\theta_1) = 0{,}6$.

c) A cartomante Julieta pode dizer com certeza a verdade quando o estado da natureza é θ_1, mas se engana metade das vezes quando o estado da natureza é θ_2. Sendo $P(\theta_1) = 0{,}6$, quanto vale o serviço de Julieta?

17. Uma urna A contém duas bolas brancas e uma bola preta. Uma urna B contém duas bolas brancas e três bolas pretas. Uma das urnas é escolhida ao acaso e dela são retiradas duas bolas sucessivamente. Um decisor receberá um prêmio em dinheiro M se, após ver as bolas extraídas, acertar qual das urnas foi a escolhida. O decisor pode optar por extração com ou sem reposição. Determinar a estratégia ótima do decisor e seu ganho esperado, supondo que a forma de extração das duas bolas deve ser decidida:

a) Antes da retirada da primeira bola.

b) Após a retirada da primeira bola.

18. Um investidor está considerando duas possíveis maneiras de aplicar R$ 100.000,00 por um ano:

a) Comprar títulos de prazo e renda fixos que renderão, após um ano, 12%.

b) Comprar ações de uma determinada companhia na Bolsa e desfazer-se delas após um ano.

Ele acha que a Bolsa poderá permanecer em apenas um dos três estados de espírito abaixo, durante os próximos doze meses. A probabilidade que atribui a cada um dos estados também é dada. A valorização das ações, decorrido um ano, expressa por um fator de valor futuro[8], obedece a uma distribuição normal cuja média e desvio padrão dependem do estado de espírito da Bolsa de Valores, como se indica a seguir:

Estado de espírito	Probabilidade	Fator de valor futuro	
		Média	Desvio-padrão
Fossa	0,20	0,70	0,20
Status quo	0,75	1,20	0,20
Histeria	0,05	2,00	0,40

Pede-se:

a) Equacionar e resolver o problema com base na maximização do valor esperado.

b) Determinar quanto valem os serviços de um clarividente que sabe apenas prever com exatidão se o *status quo* vai ou não prevalecer.

19. Uma loteria paga um prêmio $z = 10y - (x-y)^2$, onde y é um valor arbitrado pelo participante previamente ao conhecimento de x é o valor assumido por uma variável aleatória tal que:

$$P(x=k) = \frac{k}{10}; \quad k = 1, 2, 3, 4.$$

Pergunta-se:

a) Até quanto um participante que toma decisões com base no valor monetário esperado estaria disposto a pagar para participar dessa loteria?

b) Qual o valor da informação de um clarividente que indica, com certeza, se x será um número ímpar ou par?

20. Uma empresa especializada em instalações industriais tem duas opções contratuais quanto à instalação de uma fábrica:

I – Responsabilizar-se pela aquisição dos equipamentos e pela montagem, auferindo R$ 1.000.000,00, se o prazo for cumprido, ou R$ 700.000,00, se houver atraso.

II – Prestar os mesmos serviços descritos em I, auferindo R$ 950.000,00 independentemente do prazo.

A empresa deve arcar com os custos de aquisição dos equipamentos, custos de montagem e custos administrativos. Os custos administrativos e de montagem são conhecidos e valem, respectivamente, R$ 100.000,00 e R$ 200.000,00.

---

[8] Isto é, um fator que, multiplicado pelo valor atual, fornece o valor futuro.

Os equipamentos poderão ser adquiridos em dois fornecedores alternativos. O preço do fornecedor A é de R$ 350.000,00; o do fornecedor B depende da taxa de câmbio, sendo de R$ 300.000,00, se a taxa se mantiver, ou de R$ 450.000,00, se sofrer alteração.

A probabilidade prévia de a taxa de câmbio ser alterada é 1/2 e a de ocorrer atraso na instalação da fábrica é 1/4, se o fornecedor for A, e 1/3, se o fornecedor for B. Determinar:

a) O lucro esperado (e as decisões que maximizam o lucro esperado).

b) O valor da clarividência a respeito do preço do fabricante B.

c) O valor da clarividência a respeito de o prazo ser cumprido ou não (uma vez escolhido o fabricante).

d) O valor da clarividência conjunta a respeito do preço e do prazo.

e) O valor dos serviços de um especialista em assuntos econômicos que prevê a taxa de câmbio corretamente com 90 % de probabilidade.

21. Uma empresa está empenhada em ganhar uma concorrência, na qual tem apenas um competidor. O lance X do competidor é desconhecido, mas os especialistas da empresa, quando consultados, equacionaram seu conhecimento prévio por uma distribuição uniforme de mínimo a e máximo b.

    a) Supondo que o custo Y da prestação do serviço obedeça a uma distribuição também uniforme de mínimo c e máximo d, $d < a$, qual o melhor lance Z para a empresa? Qual a expectância prévia do lucro?

    b) Supor que a empresa possa conseguir clarividência a respeito de seu custo Y. Qual o lance ótimo? Qual o valor da clarividência?

    c) Supor que a empresa possa conseguir clarividência a respeito do lance X do competidor, mas não a respeito de seu custo. Qual o lance ótimo? Qual o valor da clarividência?

    d) Supor que a empresa consiga clarividência a respeito de seu custo e do lance do adversário. Qual será o lance ótimo? Qual o valor da clarividência conjunta?

Nota: Neste exercício, o enfoque é prescritivo para a empresa em questão e descritivo no que diz respeito ao comportamento do competidor. Dessa forma, a situação competitiva, que de fato pertence ao escopo da Teoria dos Jogos, encontra solução na metodologia da Análise de Decisão.

4. TEORIA DA UTILIDADE

4.1 INTRODUÇÃO

Até agora, supusemos sempre que o critério de decisão correspondia à maximização do valor monetário esperado ou à minimização de uma perda monetária esperada.

A experiência prática, no entanto, mostra que muitas vezes as pessoas ou entidades não pautam suas decisões pura e simplesmente tendo por base valores monetários esperados. O elemento risco desempenha um papel importante na explicação de tal fato e, por essa razão, vamos doravante ocupar-nos dele.

Exemplos simples e ilustrativos do acima exposto estão no fato de grande número de pessoas fazer seguro ou jogar em loterias. Em ambos os casos, é óbvio que a decisão de participar, em vez de não, corresponde à ação de menor valor esperado, pois as companhias de seguros e o governo, em cada caso, obtêm, em média, lucros correspondentes às perdas dos inúmeros participantes.

Vamos oferecer um outro exemplo pela observação das duas loterias apresentadas a seguir. O termo **loteria** será bastante utilizado na sequência para, de uma maneira cômoda, designar uma situação (aleatória) qualquer envolvendo prêmios associados a probabilidades.

Acreditamos como quase certo que, se oferecermos a você, leitor, participar da loteria L_1, você aceitará!

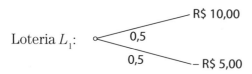

Você poderá até argumentar que participa porque o valor esperado é R$ 2,50, portanto positivo, sendo-lhe a loteria vantajosa. Entretanto, garantimos que muitos leitores não concordarão em participar da loteria L_2, cujo valor esperado é R$ 250,00, bem maior que o de L_1!

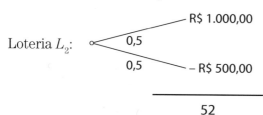

Teoria da utilidade

E, claro está, para aqueles que ainda concordam em participar de L_2, se pusermos mais dois zeros à direita, acreditamos que desistirão de vez ...

Esses exemplos ilustram a necessidade de uma teoria que, conquanto mantendo a coerência matemática, produza resultados afins ao comportamento dos seres humanos e mesmo das empresas face ao risco.

Tal teoria deverá se assentar sobre as preferências reais das pessoas ou entidades quanto aos resultados oriundos de suas decisões e, portanto, abrigará em seu bojo a explicação do comportamento dos agentes de decisão (ou decisores). É este o objeto da Teoria da Utilidade, que passaremos a expor.

O que será feito é considerar para cada decisor uma **função de utilidade**. Esta função vai associar aos prêmios monetários valores de uma quantidade abstrata chamada utilidade, de modo a convenientemente representar o comportamento real do decisor perante as situações de risco.

Uma outra vantagem da Teoria da Utilidade está em se poder analisar situações em que os prêmios são qualitativos, pela substituição, também aqui, desses prêmios por valores de utilidade.

Após haver substituído todos os prêmios (monetários ou qualitativos) por valores de utilidade, a análise é feita como se viu anteriormente, achando-se a solução ótima pela maximização da utilidade esperada. Assim, se, por exemplo, a função de utilidade de determinado agente decisório apresentar os valores dados na Tabela 4.1, podemos calcular a utilidade esperada das duas loterias já apresentadas.

Tabela 4.1 – Valores e utilidades

Valor	Utilidade
– 500	– 80
– 5	– 0,6
0	0
10	0,9
1.000	70

A loteria L_1 apresentará, pois, uma utilidade esperada positiva sendo assim aceitável ao decisor:

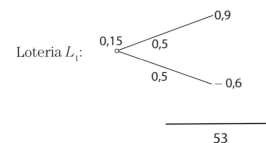

ANÁLISE ESTATÍSTICA DA DECISÃO

Já a loteria L_2 apresentará uma utilidade esperada negativa, o que a fará inaceitável ao decisor, visto que, no caso, uma utilidade nula corresponde a um valor monetário nulo.

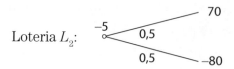

4.2 O EQUIVALENTE CERTO

Já comentamos que, provavelmente, muitos leitores se recusariam a participar da loteria L_2 apresentada no item 4.1. Por motivos análogos, é quase certo que eles aceitariam, de bom grado, trocar a posse da loteria L_3, abaixo, por seu valor monetário esperado de R$ 500,00.

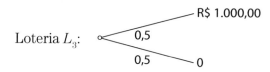

Acreditamos, de fato, que muitos ainda ficariam felizes por poder trocar L_3 por R$ 400,00. Isto sugere a pergunta: até que valor você, leitor, ainda ficaria satisfeito em trocar L_3 por essa quantia garantida? Ou seja, qual o valor $\tilde{X}(L_3)$ cuja troca pela loteria o deixaria indiferente? Este valor será por nós chamado de **equivalente certo** da loteria em questão.

Evidentemente, diversos indivíduos terão diferentes equivalentes certos para a mesma loteria, como reflexo do fato de que diferentes pessoas ou entidades reagem diferentemente em relação ao risco.

Tomemos como exemplo a loteria L_4.

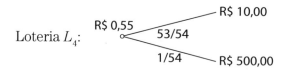

Esta loteria seria vantajosa para um indivíduo que se baseia nos valores monetários, pois seu valor esperado é positivo. Entretanto, o decisor ao qual se refere a Tabela 4.1 livrar-se-ia dela de bom grado, pois é suficientemente avesso ao risco a ponto de julgá-la desinteressante. De fato, vemos da Tabela 4.1 que, à luz da função de utilidade desse decisor, a loteria L_4 fica sendo:

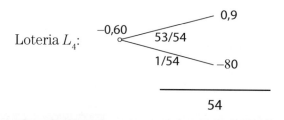

Teoria da utilidade

Como $u(0) = 0$ para este decisor, a utilidade esperada – 0,60 da loteria corresponde a um valor monetário negativo igual a – R$ 5,00, no caso. Nosso decisor, portanto, pagaria até R$ 5,00 para se livrar dessa loteria. Como $-0{,}60 = u(-5)$, segue-se que – R$ 5,00 é o equivalente certo de L_4 para o decisor em questão.

O fato de, em geral, o equivalente certo ser inferior ao valor monetário esperado é consequência de a maioria das pessoas ou entidades manifestar, em maior ou menor grau, **aversão ao risco**. Aqueles que decidissem estritamente com base nos valores monetários esperados seriam **indiferentes ao risco**. Por outro lado, algumas vezes as pessoas agem aparentando **propensão ao risco**, como no caso dos que apostam em loterias governamentais; mas isso é altamente discutível, pois, a rigor, outros aspectos, tais como o prazer de "torcer" pelo resultado favorável, interferem e complicam a análise do problema em questão.

4.3 AXIOMAS DA TEORIA DA UTILIDADE

Já vimos a necessidade de representar a real preferência das pessoas ou entidades por uma medida a que chamamos **utilidade**. Estabelecemos, agora, as condições sob as quais será possível definir uma **função de utilidade** que represente, coerentemente, essas preferências. Para que essa função possa ser definida, é necessário que os seis axiomas abaixo sejam válidos, ou seja, que o agente decisório em questão apresente um comportamento compatível com esses axiomas.

Usaremos a seguinte notação:

$A \succ B$: A é preferível em relação a B.

$A \sim B$: A é indiferente em relação a B.

$A \prec B$: B é preferível em relação a A.

Consideremos que, $[A, p; B, 1-p]$ representa uma loteria que leva ao prêmio A com a probabilidade p ou ao prêmio B com probabilidade $1-p$.

Os axiomas da Teoria da Utilidade são os seguintes:

$U1$) Axioma da ordenabilidade – Dados os prêmios A e B, ou $A \succ B$, ou $A \sim B$, ou $A \prec B$.

$U2$) Axioma da transitividade – Se $A \succ B$ e $B \succ C$, então $A \succ C$.

$U3$) Axioma da continuidade – Se $A \succ B \succ C$, então existe p, $0 < p < 1$, tal que $B \sim [A, p; C, 1-p]$.

$U4$) Axioma da substituibilidade – Se $A \sim B$, então $[A, p; C, 1-p] \sim [B, p; C, 1-p]$.

$U5$) Axioma da redutibilidade – $[[A, p; B, 1-p], q; B, 1-q] \sim [A, pq; B, 1-pq]$.

$U6$) Axioma da monotonicidade – Se $A \succ B$, então $[A, p; B, 1-p] \succ [A, q; B, 1-q]$ se e somente se $p > q$.

ANÁLISE ESTATÍSTICA DA DECISÃO

Os axiomas são, por si próprios, bastante lógicos, podendo dispensar maiores comentários.

O axioma U5 pode ser facilmente visualizado na Figura 4.1. Note-se que, na primeira loteria, um dos prêmios é por sua vez uma loteria.

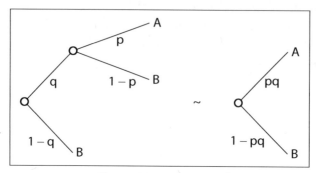

Figura 4.1 – Axioma U5

Admitidos os axiomas, podemos definir a função de utilidade $u(X)$, onde X é um prêmio ou loteria genérico. Esta função tem as seguintes propriedades:

a) $A \succ B \Leftrightarrow u(A) > u(B)$
b) $A \sim B \Leftrightarrow u(A) = u(B)$
c) $A \prec B \Leftrightarrow u(A) < u(B)$
d) $u([A, p; B, 1-p]) = p\, u(A) + (1-p)\, u(B)$

Segue-se ainda que, se $u(X)$ é uma função de utilidade com as propriedades a a d, então $u'(X) = r + s\, u(X)$, onde $r > 0$ e $s > 0$ são constantes, também é uma função de utilidade equivalente a $u(X)$.

4.4 DETERMINAÇÃO DA FUNÇÃO DE UTILIDADE

Esta é uma questão experimental ainda sujeita a muita pesquisa e controvérsia. Uma das dificuldades está em que as pessoas, em geral, não tomam suas decisões em perfeita concordância com os axiomas básicos da teoria. Isso, por si só, poderia indicar apenas que a teoria é inadequada, já que não cabe aos seres humanos se enquadrar em teorias, mas às teorias se adequarem ao comportamento humano. A verdade, entretanto, é que muitas vezes as decisões tomadas pelas pessoas são incoerentes, de forma que teoria alguma calcada em bases matemáticas poderia explicá-las ou justificá-las.

Contudo, vamos ilustrar por meio de um exemplo como se poderia, em princípio, chegar com razoável aproximação à "curva de utilidade" de um indivíduo. Deve-se ressaltar, porém, em relação ao procedimento que será visto, que há uma diferença real muito grande entre a situação de um indivíduo que é perguntado

Teoria da utilidade

sobre sua opinião acerca de uma loteria e a daquele que é de fato forçado a tomar uma decisão quanto à loteria em questão[1].

Vamos imaginar que fôssemos construir a curva de utilidade de João, nosso amigo já apresentado aos leitores no Capítulo 3. Como a faixa de valores de interesse, no caso, se estende entre os limites – 500 e 1.000, vamos atribuir, arbitrariamente, utilidades 0 e 1 a esses valores, ou seja, u(– 500) = 0 e u(1.000) = 1. Isso é válido devido à propriedade adicional (d) das funções de utilidade vista no item anterior.

A seguir, vamos forçar João a nos contar qual seu equivalente certo para a loteria L_5 abaixo, ou seja, a quantia que, garantida em mãos, o deixaria indiferente em relação à loteria (valores em reais). Isso poderá ser feito por tentativas e/ou aproximações sucessivas.

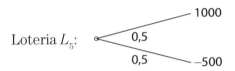

Admitamos que João declarou ser-lhe indiferente participar ou não dessa loteria, ou seja, que seu equivalente certo é 0. Logo, $u(L_5) = u(0)$. Mas:

$$u(L_5) = 0{,}5 \cdot u(1.000) + 0{,}5 \cdot u(-500) = 0{,}5 \cdot 1 + 0{,}5 \cdot 0 = 0{,}5$$

$$\therefore u(0) = 0{,}5$$

Temos aí mais um ponto na curva de utilidade de João. Vamos supor que, a seguir, apresentado à loteria L_6, João estabeleceu que seu equivalente certo é 400.

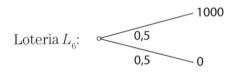

Logo, $u(L_6) = u(400)$. Mas:

$$u(L_6) = 0{,}5 \cdot u(1.000) + 0{,}5 \cdot u(0) = 0{,}5 \cdot 1 + 0{,}5 \cdot 0{,}5 = 0{,}75$$

$$\therefore u(400) = 0{,}75$$

---

[1] A dificuldade em se obter informações confiáveis a respeito das preferências das pessoas por simples entrevistas é ilustrada pela seguinte frase oriunda do setor publicitário: "As pessoas não sabem o que querem; quando sabem, não dizem; quando dizem, mentem".

ANÁLISE ESTATÍSTICA DA DECISÃO

Suponhamos, ainda, que, apresentado à loteria L_7, João estabeleceu que seu equivalente certo é – 300, isto é, ele paga R$ 300,00 para não ter que se submeter a essa loteria.

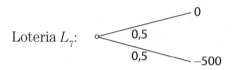

Loteria L_7:

Logo, $u(L_7) = u(-300)$. Mas:

$$u(L_7) = 0{,}5 \cdot u(0) + 0{,}5 \cdot u(-500) = 0{,}5 \cdot 0{,}5 + 0{,}5 \cdot 0 = 0{,}25$$

$$\therefore u(-300) = 0{,}25$$

Assim, poderíamos prosseguir obtendo mais pontos da curva de utilidade. É claro que, se obtivéssemos diversos pontos, eles não iriam obedecer a uma curva perfeita, pois João é humano e tem suas inconsistências em relação aos axiomas, além das variações aleatórias. No entanto, vamos ficar apenas com os cinco pontos que já temos. Esses pontos foram plotados na Figura 4.2, e, por eles, foi traçada a curva de utilidade de João experimentalmente obtida.

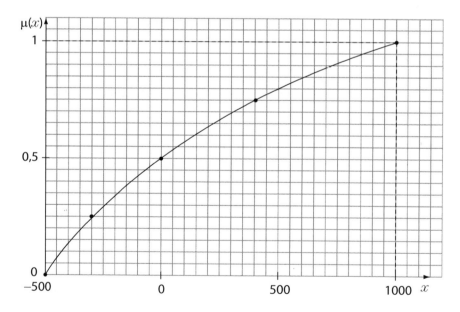

Figura 4.2 – Curva de utilidade de João

Curvas com esse aspecto, isto é, com concavidade para baixo, indicam aversão ao risco. Concavidade para cima seria indicação de propensão ao risco, enquanto que indiferença ao risco é sinônimo de utilidade linear.

4.5 O PROBLEMA DE JOÃO COM UTILIDADE

João vai agora levar em conta sua função de utilidade para resolver o problema do jogo de futebol. Para tanto, basta substituir os prêmios, colocados nos nós terminais da árvore de decisão pelas respectivas utilidades e tratar de maximizar a utilidade esperada. Faremos isso, inicialmente, para o problema sem experimentação.

A árvore mostrada na Figura 4.3 é a mesma da Figura 3.1, em que os prêmios foram transformados em utilidades por meio da função de utilidade da Figura 4.2.

Vemos que, levando em consideração sua função de utilidade, a melhor ação de João é a_2. Vemos também, ainda por meio da Figura 4.2, que o equivalente certo da loteria correspondente à ação a_2 é 260.

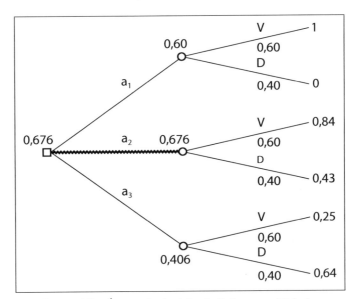

Figura 4.3 – Árvore de decisão de João com utilidades

Suponhamos agora que João resolva considerar a possibilidade de consultar o especialista, descrito no item 3.6, o qual, conforme João fica sabendo, está cobrando R$ 50,00 por uma consulta.

A análise é feita considerando-se que João deve pagar R$ 50,00 para ter direito à experimentação. Para considerar esse fato, devemos subtrair R$ 50,00 a todos os prêmios na árvore com o experimento e, a seguir, substituir os valores por suas utilidades[2]. Isso foi feito na árvore mostrada na Figura 4.4, que é idêntica à Figura 3.4, menos quanto ao fato de envolver utilidades e não valores monetários.

---

[2] A subtração do preço a pagar pelo experimento deve ser feita, necessariamente, nos nós terminais da árvore, a menos que se trabalhe com valores monetários ou função de utilidade exponencial (definida no item 5.2), para a qual vale a propriedade "delta", a ser discutida no capítulo seguinte.

ANÁLISE ESTATÍSTICA DA DECISÃO

Vemos que a utilidade esperada com o experimento é 0,676, valor que coincide com a utilidade esperada sem o experimento. Logo, João ficará indiferente entre pagar ou não R$ 50,00 pela consulta ao especialista. Note-se, que, se João fosse indiferente ao risco, ele consultaria o especialista pois, nesse caso, o valor da consulta seria R$ 56,00, como se viu no item 3.6.

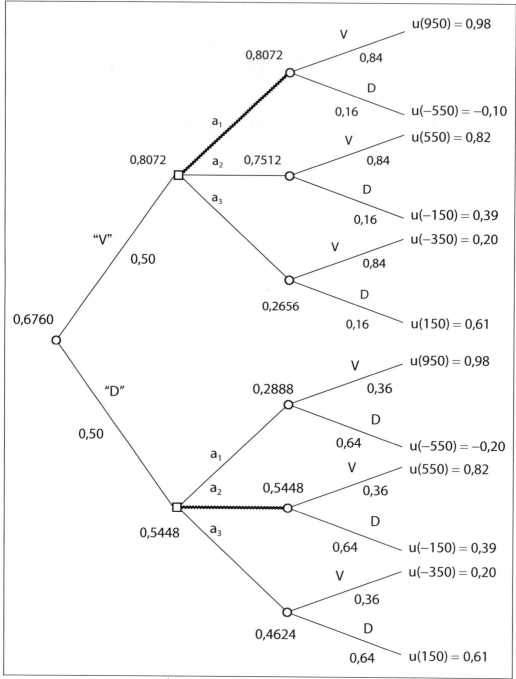

Figura 4.4 – Árvore de João com experimento e utilidades

Teoria da utilidade

Deve-se notar que, neste caso, por uma notável coincidência, descobrimos que o valor do experimento para João era exatamente R$ 50,00. O problema da determinação do valor da experimentação no caso geral é discutido no item 5.3.

4.6 EXERCÍCIOS PROPOSTOS

1. Dadas as loterias:

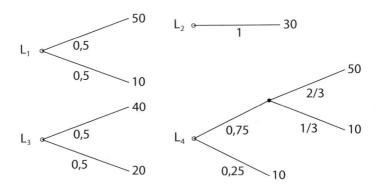

Indicar, à luz dos axiomas da Teoria da Utilidade, quais das afirmações abaixo estão certas ou erradas.

a) L_1 e L_2 são equivalentes.
b) A validade de (*a*) implica que L_2 e L_3 são equivalentes.
c) L_1 e L_3 são equivalentes.
d) L_1 e L_4 são equivalentes.
e) É possível construir-se uma loteria envolvendo L_2 e L_3 que seja equivalente a L_1.

2. Um decisor estabeleceu as equivalências abaixo. Qual o valor de p para que ele seja consistente com os axiomas da Teoria da Utilidade?

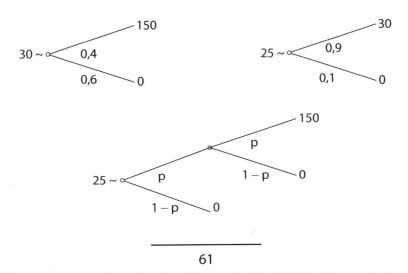

3. Dizer qual seria sua decisão face à situação abaixo, onde $p > 0$. Se sua decisão foi a_2 independentemente de p, provar que você é inconsistente com os axiomas da Teoria da Utilidade.

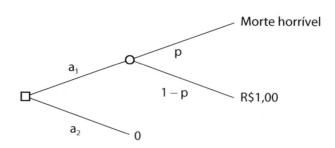

4. Note-se que, de certa forma, a questão proposta no exercício anterior envolve o problema de uma função de utilidade dever necessariamente ser limitada ou não. Desenvolver um raciocínio baseado nos axiomas com vista a provar que uma função de utilidade deve ser limitada[3].

5. No Exercício 8 do Capítulo 3, foi apresentado o seguinte problema decisório:

	a_1	a_2	a_3
θ_1	2	1	-2
θ_2	-4	-1	5

É fácil verificar que, se $P(\theta_1) = 0{,}7$, a ação ótima é a_2 (você concorda?). Entretanto, esse resultado é válido admitindo-se a maximização dos valores esperados referentes à tabela de resultados dada. Supondo que esses resultados sejam valores monetários, qual atitude perante o risco (propensão, indiferença, aversão) do decisor poderia modificar a decisão ótima na condição mencionada, e em que sentido? Justificar a resposta.

6. Um decisor considera equivalentes as loterias L_1 e L_2, cujo equivalente certo é 5.

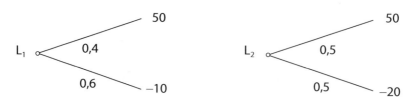

---

3 O leitor fica convidado também a pensar em como este fato se conciliaria com certos modelos de função de utilidade a serem apresentados no Capítulo 5.

Ele enfrenta a seguinte decisão:

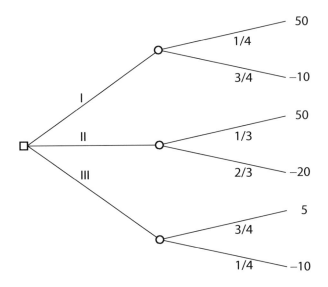

a) Mostrar que I não é sua decisão ótima.
b) Identificar sua decisão ótima.

7. Um decisor com função de utilidade $u(x) = 1 - e^{-x/10}$ enfrenta o seguinte problema:

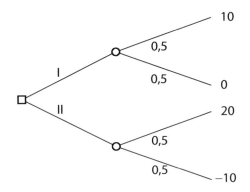

a) O decisor revela aversão ou propensão ao risco?
b) Determinar seu equivalente certo.
c) Determinar o VEIP.
d) Comentar a afirmação: "Não seria necessário examinar o ramo inferior da árvore".

8. Considerar o seguinte problema decisório:

	a_1	a_2	a_3	$P(\theta)$
θ_1	6	4	-2	0,6
θ_2	-3	-1	4	0,4

a) Calcular o ganho esperado e a ação ótima para os valores monetários dados na tabela.

b) Considerar a seguinte função de utilidade:

$$u(x) = 2x \quad \text{se} \quad x \geq 0$$
$$u(x) = 3x \quad \text{se} \quad x \leq 0$$

Determinar agora a ação ótima e calcular o equivalente certo do problema dado.

9. Um decisor estabeleceu as seguintes equivalências:

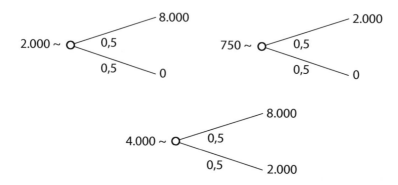

a) Construir sua curva de utilidade no intervalo $0 \leq x \leq 8000$.
b) Qual o equivalente certo da loteria seguinte?

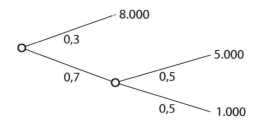

10. Com referência ao exercício 15 do Capítulo 3, supor que a curva de utilidade de Mário é dada por.

$$\mu(x) = \frac{x}{2} - \frac{x^2}{180},$$

onde x são os valores que ele atribui às consequências de sua decisão. Qual dos códigos deve ser usado? Qual seu equivalente certo?

11. Com relação ao problema 16 do Capítulo 3, considerar a seguinte função de utilidade:

$$u(x) = 2(x-3) \quad \text{se} \quad x \geq 3$$
$$u(x) = 3(x-3) \quad \text{se} \quad x \leq 3$$

Determinar agora a ação ótima e calcular o equivalente certo do problema dado, ainda supondo $P(\theta_1) = 0,6$. Como interpretar o resultado obtido?

12. O chefe da manutenção do metrô precisa restabelecer o tráfego da linha, interrompida pela pane de um trem que se encontrava no meio do túnel. Pelas características do defeito, a falha pode ter ocorrido na antena receptora de comando ou na caixa de comando e controle da propulsão. Se a falha for na caixa, poderá ter ocorrido no cartão eletrônico impresso C_1 ou no C_2. Segundo os técnicos, as probabilidades de a falha ocorrer na antena ou na caixa são equivalentes. Por outro lado, se a falha for na caixa, a probabilidade de ser em C_2 será de 0,6. O chefe da manutenção precisa agir o mais rápido possível. Em termos quantitativos, ele deseja maximizar a utilidade esperada do tempo de restabelecimento do serviço, dada por $u(t) = 100/t$. O chefe da manutenção tem duas alternativas:

A_1 – Procurar a falha primeiro na caixa.

A_2 – Procurar a falha primeiro na antena.

Os tempos de restabelecimento de serviço são:

Alternativa	Falha em		
	C_1	C_2	A
A_1	5	15	50
A_2	50	60	9

Pergunta-se:
a) Qual o tempo médio esperado de restabelecimento do serviço?
b) Qual a melhor estratégia?
c) O técnico que inspecionou o citado trem tem condições de dizer se a falha é na antena ou na caixa, mas é necessário localizá-lo. Até quanto tempo valeria a pena perder tentando localizar o técnico?

5. MAIS SOBRE A TEORIA DA UTILIDADE

5.1 CONSIDERAÇÕES GERAIS

As funções de utilidade obtidas empiricamente, segundo o procedimento descrito no item 4.4, presumivelmente representam com fidedignidade as preferências do agente decisório em relação ao risco. Como já mencionamos, esse expediente está sujeito a imperfeições de várias naturezas, que passaremos a analisar.

Primeiramente, nota-se que as pessoas têm uma tendência de se mostrarem mais tolerantes em relação ao risco quando se deparam com uma situação hipotética do que quando se vêem obrigadas a tomar uma decisão concreta. Consequentemente, as funções de utilidade obtidas por meio de uma entrevista tendem a ser menos encurvadas (indicando menor aversão ao risco) do que o são na realidade.

Em segundo lugar, como o procedimento de levantamento da função de utilidade consiste na sucessiva determinação de equivalentes certos de loterias com prêmios variáveis, conclui-se que a função de utilidade representa o lugar geométrico dos pontos de indiferença entre um certo valor determinístico e determinada loteria. Na realidade, quando nos é apresentada uma loteria qualquer, não conseguimos estabelecer um valor único que corresponda ao equivalente certo. Quando muito, podemos escolher um valor dentro de uma certa faixa de indiferença; isto é, se, por exemplo, afirmarmos que o equivalente certo de determinada loteria é de R$ 36,00, provavelmente concordaríamos que R$ 35,00 ou R$ 37,00 representam igualmente bem o equivalente certo da mesma loteria. Nossa incerteza quanto ao equivalente certo decorre do fato de nossas preferências estarem sujeitas a um limite de resolução. Por isso, seria mais exato representar a função de utilidade de um agente decisório por uma faixa de valores do que por uma função unívoca (ver Figura 5.1).

Finalmente, resta mencionar que muitas pessoas exibem em certas ocasiões um comportamento em relação ao risco francamente incoerente que, ao que parece, deve ser atribuído a fatores puramente emocionais.

Os argumentos que apresentamos acima sugerem que as funções de utilidade empíricas devem ser encaradas com certa reserva. Se considerarmos que o objetivo da Análise de Decisão é ajudar as pessoas a tomarem decisões melhores e mais coerentes, concluiremos que talvez seja mais indicado, em certos casos, empregar funções matemáticas padronizadas para representar as preferências do agente decisório. Os parâmetros do modelo matemático poderão ser então escolhidos de forma que as decisões tomadas, tendo por base o referido modelo, sejam compatíveis com a estrutura de preferências do decisor.

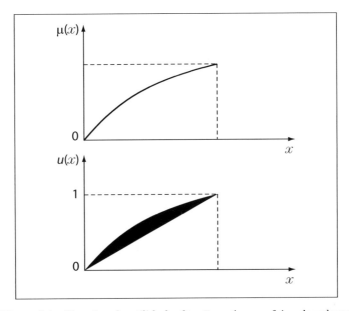

Figura 5.1 – Funções de utilidade: função unívoca e faixa de valores

Nesse intuito, estudamos a seguir as propriedades de vários modelos analíticos da função de utilidade.

5.2 COEFICIENTE DE AVERSÃO AO RISCO

O coeficiente de aversão ao risco é uma grandeza muito útil no estudo dos modelos de utilidade. Dada uma função de utilidade $u(x)$, é definido pela expressão

$$r(x) = -\frac{u''(x)}{u'(x)} = -\frac{d^2u(x)}{dx^2} \bigg/ \frac{du(x)}{dx} \quad , \tag{5.1}$$

onde $u'(x)$ representa a derivada de $u(x)$ em relação a x e $u''(x)$, a derivada segunda de $u(x)$.

Este coeficiente indica como varia o comportamento do decisor quanto ao risco com a magnitude dos valores monetários. Um coeficiente positivo indica aversão ao risco, um valor nulo representa a indiferença ao risco (função de utilidade linear) e um valor negativo, propensão ao risco.

5.3 FUNÇÃO DE UTILIDADE EXPONENCIAL

A função de utilidade exponencial é o modelo empregado com maior frequência. É definida pela expressão:

$$u(x) = 1 - e^{-\gamma x}, \tag{5.2}$$

onde γ é um parâmetro não nulo cujo valor deve ser obtido experimentalmente.

Esse tipo de função de utilidade corresponde à situação em que existe aversão ao risco constante, pois $r(x) = \gamma$, como o leitor poderá facilmente verificar. Na Figura 5.2, representamos o aspecto característico de uma curva de utilidade exponencial.

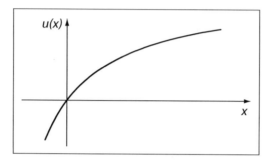

Figura 5.2 – Curva de utilidade exponencial

Dada uma loteria $[x_1, p_1; x_2, p_2; ...; x_n, p_n]$, $\sum_i p_i = 1$ e uma função de utilidade exponencial definida conforme (5.2), o equivalente certo $\tilde{x}$ dessa loteria pode ser obtido como se segue:

$$u(\tilde{x}) = E[u(x)] \tag{5.3}$$

$$\therefore 1 - e^{-\gamma \tilde{x}} = \sum_i p_i (1 - e^{-\gamma x_i})$$

$$\therefore e^{-\gamma \tilde{x}} = \sum_i p_i e^{-\gamma x_i}$$

$$\therefore \tilde{x} = -\frac{\ln \sum_i p_i e^{-\gamma x_i}}{\gamma} \tag{5.4}$$

A função de utilidade exponencial, ademais, é a única (além da utilidade linear, é claro) que apresenta uma propriedade que chamamos de "propriedade Δ": se acrescentarmos uma constante Δ a todos os prêmios de uma loteria, seu equivalente certo ficará acrescido da mesma constante Δ. Outra maneira equivalente de apresentar a propriedade Δ é dada pela Figura 5.3.

---

1 A expressão equivalente $u(x) = \dfrac{1 - e^{-\gamma x}}{1 - e^{-\gamma}}$, embora mais complexa, apresenta a vantagem de ter $u(0) = 0$ e $u(1) = 1$.

Mais sobre a teoria da utilidade

O conhecimento dessa propriedade simplifica grandemente a solução de uma série de problemas envolvendo utilidade exponencial, como, por exemplo, no cálculo do valor de um experimento.

À primeira vista, a propriedade Δ pode parecer um requisito obrigatório de coerência a ser respeitado pelo decisor. Entretanto, é necessário ter em mente que impor o respeito a essa propriedade ao agente decisório corresponde a obrigá-lo a adotar uma função de utilidade exponencial ou linear, já que essas são as únicas funções de utilidade que satisfazem a propriedade! Ademais, a propriedade Δ implica evidentemente preços de compra e de venda iguais[2].

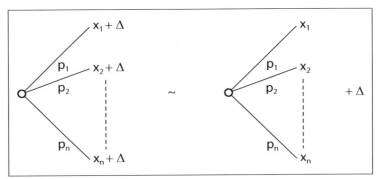

Figura 5.3 – Propriedade Δ

O modelo de utilidade exponencial apresenta, ainda, as seguintes propriedades dignas de registro:

  a) "O equivalente certo da soma de duas variáveis aleatórias independentes é igual à soma dos equivalentes certos das duas variáveis aleatórias."

  Note-se que, se uma das variáveis aleatórias for constante e igual a Δ, recaímos na propriedade Δ.

  b) "O equivalente certo de uma loteria (contínua) normal de média μ e desvio padrão σ é $\mu - \frac{1}{2}\sigma^2\gamma$."

5.4 UTILIDADE LOGARÍTMICA

É definida pela expressão:

$$u(x) = \ln(x + \alpha) \quad (5.5)$$

Apresenta como vantagem a possibilidade de incorporação do capital do agente decisório ao modelo de utilidade. Como se sabe, a aversão ao risco é em geral tanto menor quanto maior for o capital do decisor.

---

2 Ver, a propósito, o item 5.10.

ANÁLISE ESTATÍSTICA DA DECISÃO

O capital pertencente ao agente decisório antes de enfrentar a loteria objeto de análise é representado, em (5.5), pela constante α. Por outro lado, verifica-se facilmente que $r(x) = 1/(x + \alpha)$, de acordo com o que comentamos. Na Figura 5.4 representamos uma função de utilidade logarítmica.

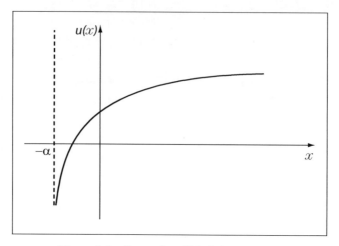

Figura 5.4 – Curva de utilidade logarítmica

O equivalente certo da função de utilidade logarítmica é dado por:

$$\tilde{x} = e^{E[\ln(x + \alpha)]} - \alpha = \exp\{E[\ln(x + \alpha)]\} - \alpha \tag{5.6}$$

Se a loteria envolvida for discreta, então:

$$E[\ln(x + \alpha)] = \sum_i p_i \ln(x_i + \alpha) = \sum_i \ln(x_i + \alpha)^{p_i}$$

$$\therefore e^{E[\ln(n+\alpha)]} = e^{\sum_i \ln(x_i + \alpha)^{p_i}} =$$

$$= \prod_i e^{\ln(x_i + \alpha)^{p_i}} = \prod_i (x_i + \alpha)^{p_i}$$

$$\therefore \tilde{x} = \prod_i (x_i + \alpha)^{p_i} - \alpha \tag{5.7}$$

ou, alternativamente, $\tilde{x} + \alpha$ é a média geométrica dos $x_i + \alpha$ ponderada pelas respectivas probabilidades.

5.5 UTILIDADE RAIZ QUADRADA

É definida pela expressão:

$$u(x) = \sqrt{x + \alpha} \tag{5.8}$$

Mais sobre a teoria da utilidade

Essa função de utilidade, definida para $x > -\alpha$, tem características semelhantes à anterior e seu coeficiente de aversão ao risco também decresce com x, sendo dado por $r(x) = 1/2(x + \alpha)$. O equivalente certo é dado por:

$$\tilde{x} = [E(x+\alpha)^{1/2}]^2 - \alpha \tag{5.9}$$

e o aspecto característico da função é mostrado na Figura 5.5.

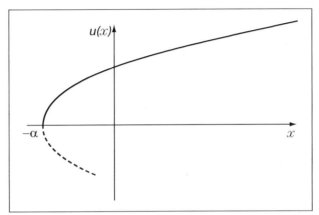

Figura 5.5 – Curva de utilidade raiz quadrada

5.6 UTILIDADE QUADRÁTICA

É definida pela expressão

$$u(x) = x - \frac{1}{2}qx^2 \tag{5.10}$$

Esta função de utilidade, definida para $x < 1/q$, tem aversão ao risco crescente com x, pois $r(x) = q/(1 - qx)$. É um modelo de menor importância que apenas mencionamos por constar da literatura a respeito. Apresenta como inconveniente a propriedade de o preço de compra ser sempre superior ao de venda. A implicação desse fato é discutida no item 5.11.

5.7 VALOR DA EXPERIMENTAÇÃO COM UTILIDADE

Vimos no item 3.4, ao analisar o problema de João, como determinar o VEIP. Para tanto, verificamos simplesmente a diferença entre o valor esperado com informação perfeita e o valor esperado sem informação, isto é:

$$E(\mathcal{C}) = E(x \mid \mathcal{C}) - E(x)$$

Analogamente, procedemos no item 3.6 para a determinação do valor de um experimento que forneça informação sujeita a erro.

Deve-se frisar, entretanto, que tal procedimento só é válido quando se trabalha com valores monetários (ou seja, com uma função de utilidade linear) ou com função de utilidade exponencial. A razão disso está na validade da propriedade Δ, vista no item 5.3.

Se estivermos usando alguma outra função de utilidade, a determinação do valor do experimento deverá ser feita pela verificação de qual é o valor que, descontado dos prêmios da loteria com experimento, iguala seu equivalente certo ao da loteria sem experimento. A determinação desse valor, em muitos casos, deve ser feita por tentativas.

Ilustraremos a questão determinando o VEIP para João levando em conta sua função de utilidade, dada na Figura 4.2. A árvore de João com informação perfeita é apresentada resumidamente na Figura 5.6.

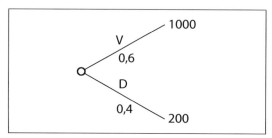

Figura 5.6 – Árvore com informação perfeita, resumida

Vimos também, no item 4.5, que a decisão ótima de João com utilidade correspondia à ação a_2, levando à utilidade esperada 0,676 e ao equivalente certo 260. Logo, sendo v o valor esperado da informação perfeita, v deverá ser tal que.

$$260 \sim [1.000 - v, 0,6; 200 - v, 0,4]$$

ou, de modo equivalente,

$$0,676 \sim [\mu(1.000 - v), 0,6; \mu(200 - v), 0,4]$$

Utilizando por tentativas a Figura 4.2, vemos que, para $v = 300$, a loteria acima tem utilidade esperada 0,700 e, para $v = 350$, 0,672. Por interpolação linear, vemos que $v \cong 343$.

5.8 LOTERIAS CONTÍNUAS

Até agora, referimo-nos exclusivamente a loterias discretas, isto é, a loterias cujos prêmios constituem um conjunto discreto de valores distintos. A noção de loteria pode ser facilmente estendida para abrigar também situações em que os prêmios compreendam um espectro contínuo de valores alternativos. As únicas diferenças que se farão sentir referem-se à notação e ao fato de a loteria não se constituir mais de um conjunto de prêmios com probabilidades associadas, $L = [X_1, p_1; X_2, p_2; X_3, p_3; ...]$, mas de uma variável aleatória com uma função densidade de probabilidade associada, $L = [x, f(x)]$. Na Figura 5,7, exemplificamos as diferenças de notação e representação.

Da mesma forma que nas loterias discretas, em que o equivalente certo é obtido por:

$$\mu(\tilde{X}) = \sum_i \mu(x_i) p_i,$$

nas loterias contínuas é obtido por

$$\mu(\tilde{x}) = \int_{-\infty}^{+\infty} \mu(x) f(x) \, dx \tag{5.11}$$

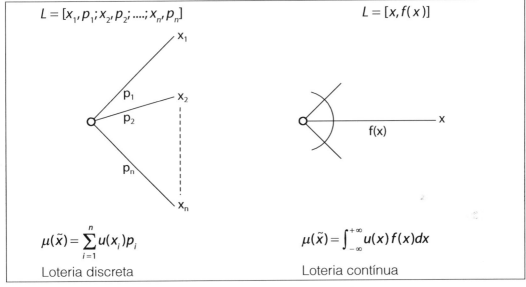

Figura 5.7 – Loterias discreta e contínua

5.9 EXPRESSÃO APROXIMADA PARA $\tilde{X}$

Passamos agora a demonstrar uma expressão aproximada para o cálculo do equivalente certo, que apresenta grande utilidade prática. Embora sua dedução admita uma loteria contínua, o resultado será igualmente válido, como aproximação, para loterias discretas. Seja, pois, uma variável aleatória contínua, X, com média $E(X) = \mu_x$ e variância $Var(X) = \sigma_x^2$.

O desenvolvimento da função de utilidade genérica $u(X)$ por série de Taylor nos dará, para os três primeiros termos,

$$u(X) \cong u(\mu_x) + (X - \mu_x) u'(\mu_x) + \frac{(X - \mu_x)^2}{2} u''(\mu_x)$$

Substituindo $u(X)$ por seu desenvolvimento no cálculo da utilidade média, teremos:

$$E(u(X)) = \int_{-\infty}^{+\infty} u(X)\, f(x)dx =$$

$$= u(\mu_x) \int_{-\infty}^{+\infty} f(x)dx + u'(\mu_x) \int_{-\infty}^{+\infty} f(x-\mu_x)\, f(x)\, dx +$$

$$+ \frac{1}{2} u''(\mu_x) \int_{-\infty}^{+\infty} (x-\mu_x)^2\, f(x)\, dx =$$

$$= u(\mu_x) + 0 + \frac{1}{2} u''(x) \sigma_x^2 \tag{5.12}$$

Tomemos agora o desenvolvimento de $u(\tilde{x})$ por série de Taylor. Como $\tilde{x}$ é próximo de μ_x, contentar-nos-emos com os dois primeiros termos:

$$u(\tilde{x}) \cong u(\mu_x) + (\tilde{x} - \mu_x)\, u'(\mu_x) \tag{5.13}$$

Lembrando que $u(\tilde{X}) = E(u(X))$, igualamos (5.12) a (5.13), obtendo

$$u(\mu_x) + \frac{1}{2} \mu''(\mu_x) \sigma_x^2 \cong u(\mu_x) + (\tilde{x} - \mu_x) u'(\mu_x)$$

ou seja,

$$\tilde{x} - \mu_x \cong \frac{1}{2} \frac{u''(\mu_x)}{u'(\mu_x)} \sigma_x^2$$

e, finalmente, evocando (5.1),

$$\tilde{x} \cong \mu_x - \frac{1}{2} r(\mu_x) \sigma_x^2$$

5.10 PREÇO DE COMPRA E PREÇO DE VENDA

Entendemos por preço de compra de uma loteria ao limite máximo do valor que um indivíduo estaria disposto a pagar para participar da mesma e, por preço de venda, o limite mínimo do valor que ele estaria disposto a receber para se desfazer da loteria. Cabe aqui lembrar que a definição do equivalente certo coincide exatamente com a do preço de venda.

Claro está que, trabalhando-se com valores monetários (ou utilidade linear), o preço de compra, o preço de venda e o valor esperado da loteria são iguais. Isso também acontece se for usada a função de utilidade exponencial, devido à propriedade Δ.

Tratando-se de outras funções de utilidade, o preço de venda v é o equivalente certo, mas o preço de compra c deve ser obtido fazendo-se

$$0 \sim [X_1 - c, p_1; X_2 - c, p_2; ...; X_n - c, p_n].$$

Como exemplo, consideremos a loteria [100, 0,5; 0, 0,5] e a curva de utilidade mostrada na Figura 5.8. O preço de venda é tal que

$$u(v) = u(\tilde{x}) = 0{,}5 \cdot u(100) + 0{,}5 \cdot u(0)$$

ou seja, $u(v) = 0{,}5$ e $v = 28$.

Todavia, para o preço de compra temos,

$$u(0) = 0 = 0{,}5 \cdot u(100 - c) + 0{,}5 \cdot u(-c)$$

donde, por tentativa, obtivemos $c = 20$, conforme se vê na Figura 5.8.

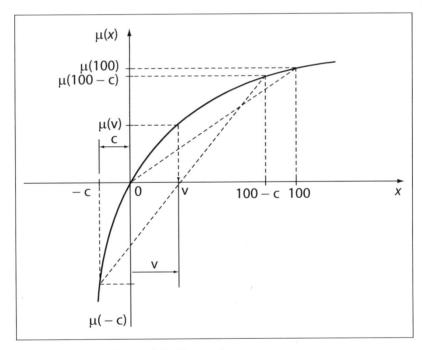

Figura 5.8 – Preços de venda e compra

5.11 A "BOMBA DE DINHEIRO"

Mostraremos que a tendência crescente ou decrescente do coeficiente de aversão ao risco, $r(x)$, desempenha um papel muito importante sobre a relação entre os preços de compra e de venda.

ANÁLISE ESTATÍSTICA DA DECISÃO

Consideremos uma função de utilidade com coeficiente de aversão ao risco decrescente e uma loteria $f(x)$ qualquer, com preço de venda v, positivo (ver Figura 5.9).

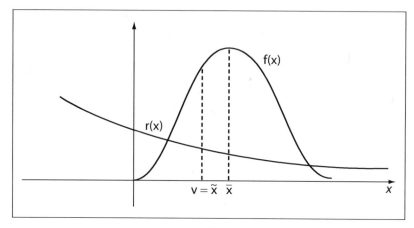

Figura 5.9 – Loteria $f(x)$

A seguir, consideremos a loteria resultante da subtração do montante v dos prêmios da loteria dada (ver Figura 5.10).

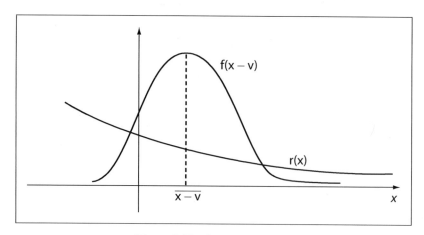

Figura 5.10 – Loteria $f(x-v)$

Como o coeficiente de aversão ao risco será sempre maior para $x-v$ que para x, resulta que o equivalente certo da loteria $f(x-v)$ será inferior a zero. Lembrando agora que o preço de compra, c, é tal que o equivalente certo da loteria $x-c$ seja nulo, concluir-se-á que o preço de compra é **menor** que o preço de venda, ou seja, $c < v$.

Por raciocínio análogo, chega-se à conclusão de que, para $v < 0$, o preço de compra é menor que o preço de venda, em valor absoluto. Consequentemente, temos que $r(x)$ decrescente implica $|c| < |v|$ para qualquer loteria.

Mais sobre a teoria da utilidade

O resultado reveste-se de particular importância no sentido de mostrar que é razoável se supor coeficiente de aversão ao risco crescente com x. De fato, um preço de compra superior em valor absoluto ao preço de venda traduzir-se-ia em um comportamento inconsistente pela seguinte razão:

Se o preço de compra, c, que um indivíduo atribui a uma loteria, for superior ao preço da venda, v, poderemos vender-lhe essa loteria pelo preço c e a seguir comprá-la de volta por $v < c$ e assim sucessivamente, obtendo um lucro de $c - v$ por ciclo, até extrair o último centavo do cliente. Um procedimento dessa natureza é denominado "bomba de dinheiro", e qualquer indivíduo que apresente uma função de utilidade com $r(x)$ crescente estará sujeito a suas consequências.

Raciocínio análogo mostra também que $r(x)$ decrescente implica

$$\widetilde{x - \Delta} < \tilde{x} - \Delta, \Delta > 0.$$

5.12 O PROBLEMA DO SEGURO

Ilustraremos o caso da função de utilidade logarítmica por um exemplo envolvendo um segurado e a companhia seguradora.

O segurado tem capital α e quer segurar um bem de valor x contra perda total, cuja probabilidade é p. Ao adquirir o seguro, ele está, na verdade, vendendo uma loteria indesejável por um preço negativo. Sendo v o valor máximo (valor de venda mínimo) que o segurado está disposto a pagar pelo prêmio do seguro, temos que, para o segurado:

$$\alpha - v \succ [\alpha - x, p; \alpha, 1 - p]$$

$$\therefore \ln(\alpha - v) > p \ln(\alpha - x) + (1 - p)\ln \alpha$$

$$\therefore \alpha - v > (\alpha - x)^p \alpha^{1-p}$$

$$\therefore v < \alpha - (\alpha - x)^p \alpha^{1-p} = \alpha\left[1 - \left(\frac{\alpha - x}{\alpha}\right)^p\right] \quad (5.14)$$

A seguradora, por sua vez, tem capital $\beta \gg x$ e, como vimos no item 5.4, terá coeficiente de aversão ao risco

$$r(x) = \frac{1}{x + \beta} \cong \frac{1}{\beta} = \text{constante}$$

Logo, podemos considerar sua função de utilidade no ponto x como praticamente exponencial com coeficiente de aversão ao risco (constante) igual a $\frac{1}{\beta}$.

Ao vender o prêmio de seguro, a seguradora está, na verdade, comprando uma loteria indesejável por um preço negativo. Para ela, entretanto:

$$[c - x, p; c, 1 - p] \succ 0^3$$
$$\therefore p(1 - e^{(x-c)/\beta}) + (1 - p)(1 - e^{-c/\beta}) > 1 - e^0 = 0$$
$$\therefore 1 - p e^{x/\beta} e^{-c/\beta} - e^{-c/\beta} + p e^{-c/\beta} > 0$$
$$\therefore e^{-c/\beta}[1 - p(1 - e^{x/\beta})] < 1$$
$$\therefore -\frac{c}{\beta} + \ln[1 - p(1 - e^{x/\beta})] < 0$$

$$\therefore c > \beta \ln[1 - p(1 - e^{x/\beta})] \tag{5.15}$$

Logo, estando o valor do prêmio de seguro entre os limites dados pelas expressões (5.14) e (5.15), haverá acordo entre segurado e seguradora.

Exemplo:

Sejam:

$\alpha = 100.000 \qquad \beta = 5.000.000$
$x = 50.000 \qquad p = 0,01$

Pela (5.14), o segurado está disposto a pagar pelo seguro até

$$v = 100.000\left[1 - \left(\frac{100.000 - 50.000}{100.000}\right)^{0,01}\right] \cong 690,7$$

Pela (5.15), a seguradora se dispõe a vender o prêmio de seguro por um mínimo de

$$c = 5.000.000 \ln[1 - 0,01(1 - e^{-50.000/5.000.000})] \cong 502,5$$

Logo, sendo o prêmio de seguro estipulado entre 502,5 e 690,7, haverá acordo entre as partes.

5.13 A DIVISÃO DO RISCO

Esta é uma interessante questão envolvendo a Teoria da Utilidade: muitas vezes, uma loteria pode ser inaceitável para alguns indivíduos isoladamente, mas torna-se aceitável para o grupo. Neste item, vamos procurar ilustrar o problema por meio de um exemplo.

---

3 Note-se que o valor β pode ser ignorado devido à propriedade Λ.

Mais sobre a teoria da utilidade

Exemplo: José e Antônio têm curvas de utilidade logarítmica com capitais α, respectivamente, de 500 e 1.000. Ambos podem aceitar ou rejeitar a seguinte loteria:

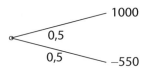

a) José aceita? Antônio aceita?
b) Supor que ambos possam se associar e compartilhar a loteria da forma que melhor lhes aprouver. Eles aceitarão a loteria?
c) Existe alguma regra de compartilhamento proporcional que seja aceitável para ambos? Dar exemplo.
d) Existe alguma regra de compartilhamento não proporcional que seja aceitável para ambos? Dar exemplo.

Solução:

a) Analisemos a situação para Antônio:

$$E[u(X)] = 0{,}5 \cdot \ln(1.000 + 1.000) + 0{,}5 \cdot \ln(1.000 - 550) =$$
$$\cong 0{,}5 \cdot 7{,}60 + 0{,}5 \cdot 6{,}11 = 6{,}855$$
$$u(0) = \ln(1.000) \cong 6{,}908$$

Logo, Antônio não aceita, pois a utilidade de não aceitar supera a utilidade esperada fornecida pela loteria. Mas, como José tem capital menor, será mais averso ao risco que Antônio e, portanto, José também não aceitará.

b) Analisemos agora a possibilidade de associação entre ambos. Uma loteria

$$L_J = [0{,}5, X_J; 0{,}5, -Y_J]$$

é aceitável para José se

$$0{,}5 \cdot u(X_J) + 0{,}5 \cdot u(-Y_J) \geq u(0)$$
$$\therefore \ln(X_J + 500) + \ln(500 - Y_J) \geq 2 \ln 500$$
$$\therefore (X_J + 500)(500 - Y_J) \geq 500^2$$
$$\therefore Y_J \leq \frac{500\, X_J}{500 + X_J} \qquad (5.16)$$

Analogamente, uma loteria

$$L_A = [0{,}5, X_A; 0{,}5 - Y_A]$$

é aceitável para Antônio se

$$Y_A \leq \frac{1.000\, X_A}{1.000 + X_A} \qquad (5.17)$$

ANÁLISE ESTATÍSTICA DA DECISÃO

As curvas representativas das funções dadas pela igualdade estrita nas expressões (5.16) e (5.17) foram traçadas na Figura 5.11. Note-se que, nessa figura, as escalas referentes a José e Antônio estão em sentido contrário. Deve-se lembrar que $X_A + X_J = 1\,000$ e $Y_A + Y_J = 550$.

Concluímos que há possibilidade de acordo para compartilhamentos representados por pontos na intersecção das duas regiões aceitáveis.

c) As regras de compartilhamento proporcional correspondem aos pontos da diagonal da Figura 5.11. Como essa diagonal contém pontos na região aceitável para ambos, concluímos que existem regras de compartilhamento proporcional aceitáveis para ambos. Vemos na figura que uma delas é aquela em que José teria 30% e Antônio 70% da loteria, ou seja:

$$X_J = 0{,}3 \cdot 1.000 = 300 \qquad X_A = 0{,}7 \cdot 1.000 = 700$$

$$Y_J = 0{,}3 \cdot 550 = 165 \qquad Y_A = 0{,}7 \cdot 550 = 385$$

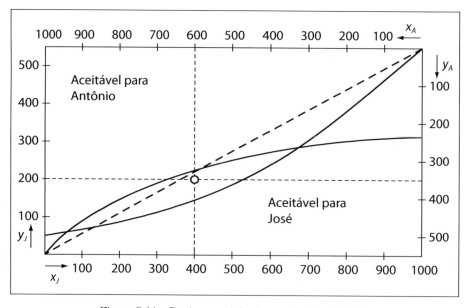

Figura 5.11 – Regiões aceitáveis para José e Antônio

d) Vemos na figura que existem inúmeras regras de compartilhamento não proporcional aceitáveis a ambos. Uma delas seria:

$$X_J = 400 = 0{,}387 \cdot 1.000 + 13$$

$$-Y_J = -200 = 0{,}387 \cdot (-550) + 13$$

$$X_A = 600 = 0{,}613 \cdot 1.000 - 13$$

$$-Y_A = -350 = 0{,}613 \cdot (-550) - 13$$

Isso corresponderia a José participar com 38,7% e Antônio, com 61,3 % da loteria, havendo, ainda, um pagamento por fora de 13 de Antônio para José, que poderia ser interpretado como uma compensação pela maior aversão deste ao risco.

5.14 O ELEMENTO TEMPO

Vimos nos itens precedentes como o estabelecimento de uma função de utilidade permite avaliar preferências quanto ao risco. Por seu turno, a assim chamada Engenharia Econômica, apoiada nos conceitos da Matemática Financeira, estuda as preferências quanto ao tempo, isto é, entre alternativas envolvendo diferentes séries de fluxos de caixa deslocados no tempo.

Um conceito fundamental da Engenharia Econômica é o de taxa mínima atrativa de retorno, em geral designada por i, que representa o custo de oportunidade do capital para o indivíduo ou entidade considerado, sendo usada para estabelecer suas equivalências entre importâncias consideradas em diferentes datas. Da mesma forma que indivíduos diferentes não reagem igualmente quanto ao risco, também aqui indivíduos diferentes raciocinam com diferentes valores de i, ou seja, manifestam diferentes comportamentos quanto a suas preferências no tempo.

As analogias, entretanto, não cessam aí. Da mesma forma que uma loteria pode ser reduzida a seu equivalente certo, um fluxo de caixa distribuído no tempo pode ser reduzido a um equivalente caixa, denominado valor presente.

Vários critérios têm sido propostos e usados para a análise de alternativas envolvendo diferentes séries de fluxos de caixa no tempo. São bastante conhecidos os critérios do valor presente, do equivalente uniforme anual, da taxa interna de retorno, da relação benefício/custo, etc. Embora envolva a hipótese irrealística da existência do "banco linear infinito", o primeiro desses critérios é, sob vários aspectos, o mais inatacável para a comparação de alternativas com igual horizonte, isto é, envolvendo séries de fluxos de caixa de igual duração. O critério consiste em "transportar" cada fluxo de caixa para o instante zero mediante a relação fundamental de equivalência.

$$V_0 = \frac{V_n}{(1+i)^n} \tag{5.18}$$

onde V_0 é o valor presente equivalente ao valor V_n após n períodos, à taxa de juro i por período.

Em certos casos, o estabelecimento das preferências entre alternativas é trivial. Representando por $(C_0, C_1, ..., C_n)$ uma série de fluxos de caixa no tempo, temos, por exemplo, claramente, que

$$(-2, -1, 1, 5) \succ (-3, -1, 0, 5)$$

ANÁLISE ESTATÍSTICA DA DECISÃO

Temos, no exemplo acima, um caso de dominância por magnitude. Podemos também considerar o exemplo seguinte, um caso de dominância temporal:

$$(-1, 2, 0) \succ (-1, 0, 2)$$

Muitas vezes, entretanto, o problema decisório não é tão simples. Não vamos, porém, nos estender sobre a aplicação do critério do valor presente neste texto. De fato, estamos interessados em examinar o problema em que os elementos tempo e risco estão ambos presentes.

A questão pode ser posta, em termos gerais, da seguinte forma. Seja $(L_0, L_1,..., L_n)$ uma série de loterias espaçadas no tempo. Temos dois casos a considerar:

a) **A incerteza se resolve no instante do pagamento**

Logo, devemos calcular o equivalente certo de cada uma das loterias e, após, o valor presente da série de equivalentes certos, ou seja:

$$V_0 = \sum_j \tilde{L}_j \left(\frac{1}{1+i} \right)^j \qquad (5.19)$$

b) **A incerteza se resolve imediatamente (logo após a tomada da decisão)**

Logo, devemos calcular o valor presente dos prêmios das diversas loterias e, após, o equivalente certo de cada uma, cuja soma fornece o valor presente. Ou seja, sendo:

$$L_{,j} = [X_{1j}, p_{1j}; ...; X_{mj}, p_{mj}], \text{ então:}$$

$$V_0 = \sum_j \tilde{L}_{0j}, \qquad (5.20)$$

onde:

$$\tilde{L}_{0j} \sim \left[\frac{X_{1j}}{(1+i)^j}, p_{1j}; ...; \frac{X_{mj}}{(1+i)^j}, p_{mj} \right]^4$$

Exemplo: Um milionário excêntrico tem dois filhos, José e Antônio. Desejando testar qual dos dois é mais esperto para os negócios, ele oferece publicamente um prêmio de R$ 1.000.000,00, que deverá ser sorteado entre os dois, com iguais probabilidades, dentro de um ano.

---

[4] Este procedimento, de fato, só pode ser usado com função de utilidade exponencial, para a qual vale a propriedade Δ. Para outras funções de utilidade, deve-se primeiro caracterizar V_0 como uma única variável aleatória (por convolução dos L_{0j}) e, após, obter seu equivalente certo.

Mais sobre a teoria da utilidade

Ora, existe na cidade um banco que negocia à taxa $i = 0{,}25$ ao ano e também um agente de risco que troca qualquer loteria por seu equivalente certo segundo a função de utilidade

$$u(x) = 1 - e^{-x/10^6}$$

Além disso, é sabido que os filhos do milionário têm, garantidamente, aplicação para o capital a uma taxa de retorno de 40% ao ano.

José, desejando obter capital imediato para aplicação, foi ao agente de risco e trocou seu eventual prêmio por seu equivalente certo futuro, recebendo uma nota promissória de R$ 380.000,00, resgatável em um ano, sendo este valor obtido de:

$$u(\tilde{x}) = 0{,}5 \cdot u(1.000.000) + 0{,}5 \cdot u(0)$$

$$\therefore 1 - e^{-\tilde{x}/10^6} = 0{,}5(1 - e^{-1}) + 0{,}5(1 - e^0)$$

$$\therefore e^{-\tilde{x}/10^6} = 0{,}5(e^{-1} + 1) = 0{,}5(0{,}368 + 1) = 0{,}684$$

$$\therefore \tilde{x} = -10^6 \ln 0{,}684 \cong 380.000$$

Com esta promissória em mãos, foi ao banco e trocou-a pela importância

$$V_o = \frac{380.000}{1{,}25} = 304.000$$

Antônio, entretanto, foi mais esperto! Sabendo que seu pai era amigo do agente de risco, convenceu-o a, mesmo em segredo, realizar o sorteio imediatamente, dando ciência do resultado, se solicitado, apenas ao agente de risco. Em seguida, obteve do banco uma declaração afirmando que trocaria os eventuais R$ 1.000.000,00, futuros por R$ 800.000,00, atuais. Com esta declaração, foi ao agente de risco e trocou a loteria

[800.000,00, 0,5; 0, 0,5]

por seu equivalente certo, obtido de

$$e^{-\tilde{x}/10^6} = 0{,}5(e^{-0{,}8} + 1) = 0{,}725$$

$$\therefore \tilde{x} = -10^6 \ln 0{,}725 = 322.000$$

Note-se que, se fosse o caso, Antônio pagaria até R$ 18.000,00 ao pai para que este se dispusesse a contar imediatamente ao agente de risco o resultado do sorteio. Este é o valor da resolução imediata da incerteza.

5.15 EXERCÍCIOS PROPOSTOS

1. Resolver o exercício 18 do Capítulo 3 admitindo que o investidor tenha função de utilidade exponencial com parâmetro $\gamma = 10^{-5}$ R$ $^{-1}$.

ANÁLISE ESTATÍSTICA DA DECISÃO

2. Considerar o problema decisório proposto no exercício 8 do Capítulo 3, abaixo reproduzido.

	a_1	a_2	a_3
θ_1	2	1	-2
θ_2	-4	-1	5

Seja $P(\theta_1) = 0{,}7$. Pede-se determinar a ação ótima, o equivalente certo e o VEIP, supondo que o decisor apresente função de utilidade:

a) Exponencial com $\gamma = 0{,}2$

b) Logarítmica com $\alpha = -5$

c) Quadrática com $q = 0{,}2$

3. Supor que a gravadora a que se refere o exercício 6 do Capítulo 3 tenha a função de utilidade seguinte, onde x é o lucro ou prejuízo na operação de gravação do CD:

$$u(x) = x \quad \text{para} \quad x \geq 0$$
$$u(x) = 4x \quad \text{para} \quad x < 0$$

Pede-se:

1) Resolver as questões a e b do mencionado problema levando em consideração a função de utilidade da gravadora.

2) Encaminhar e discutir até onde julgar razoável a solução da questão c.

4. Considerar um jogo em que o participante lança sucessivamente uma moeda honesta até obter a primeira "cara". Sendo x o número de lançamentos necessários, ele recebe um prêmio igual a 2^{x-1}.

a) Até quanto pagaria um jogador indiferente ao risco para participar desse jogo?[5]

b) Até quanto pagaria para participar um jogador com função de utilidade logarítmica $u(x) = \ln(x + \alpha)$?

c) Qual o equivalente certo desse jogo para o jogador descrito em b?

d) Justificar em um diagrama por que as respostas b e c não concidem.

e) Utilizar o presente exemplo para desenvolver um raciocínio mostrando que as funções de utilidade devem ser limitadas.

---

[5] Este resultado, aparentemente incoerente, é conhecido como "paradoxo de São Petersburgo", por ter sido levantado em trabalho apresentado naquela cidade (BERNOULLI, 1954).

5. Considerar a função de utilidade exponencial,

$$u(x) = \frac{1-e^{-\gamma x}}{1-e^{-\gamma}}$$

e uma loteria normal,

$$f(x) = \frac{1}{\sigma\sqrt{2\pi}} \exp\left[-\frac{(x-\mu)^2}{2\sigma^2}\right]$$

Pergunta-se:

a) Qual o equivalente certo $\tilde{x}$ de participar da loteria n vezes, supondo:
- Resultados perfeitamente correlacionados (isto é, o mesmo resultado em todas as n vezes).
- Resultados independentes.

b) Qual o equivalente certo de participar da loteria duas vezes, supondo que os resultados são correlacionados e que a respectiva covariância é igual a c.

6. Considerar a loteria contínua dada pela função densidade de probabilidade $f(x)$:

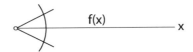

a) Obter analiticamente o equivalente certo dessa loteria para uma função de utilidade exponencial $u(x) = 1 - e^{-\gamma x}$.

b) Mostrar que, dadas duas loterias contínuas independentes $f(x)$ e $f(y)$, o equivalente certo da loteria composta

é igual a $\tilde{x} + \tilde{y}$.

7. A Companhia Alpha está estudando a possibilidade de despedir João, um funcionário absolutamente inútil que recebe um salário mensal de R$ 20.000,00. Indubitavelmente, a demissão pura e simples desse funcionário parece ser a solução mais adequada. Ocorre, porém, que, se demitido, João certamente moverá uma ação trabalhista contra a Alpha. Considerando-se que João a vença, a Alpha será obrigada a pagar uma indenização de R$ 2.500.000,00; caso contrário, nada pagará. Os entendidos no assunto julgam que existem iguais probabilidades de ganhar ou perder. Independentemente do resultado da ação, ademais, a Alpha terá uma despesa de R$ 100.000,00 com advogados. Como

as ações desse tipo levam em média um ano para serem julgadas, considera-se que as despesas com a eventual indenização e com os advogados só ocorrerão após esse tempo. Caso decida não despedir João, a Alpha praticamente se verá diante do pagamento de uma despesa perpétua mensal de R$ 20.000,00, uma vez que, mesmo João morrendo, seu salário deverá ser pago a seus familiares. Sabendo-se que a Alpha tem um custo de oportunidade do capital de 2 % ao mês, pergunta-se:

a) Qual das decisões possíveis minimiza o custo econômico de João para a Alpha, considerando que o próximo salário de João será pago dentro de um mês?

b) Qual o valor dos serviços de um especialista em leis que poderá dizer imediatamente e com absoluta certeza qual será o resultado da ação?

c) Supor que o especialista em leis tenha por norma só fornecer sua informação nas vésperas do julgamento da ação, ou seja, dentro de um ano, no presente caso. Quanto valem então seus serviços? Sabe-se que João estaria disposto a retirar a ação mediante o pagamento dos salários atrasados com juros de 2 % ao mês.

8. Considerar uma loteria normal de média 10 e desvio padrão 5. João e Antônio têm curvas de utilidade exponenciais com coeficientes de aversão ao risco, respectivamente, $\frac{20}{16}$ e $\frac{20}{9}$.

a) João aceita participar da loteria sozinho?

b) E Antônio?

c) Existe a possibilidade de os dois participarem juntos?

d) Existe alguma regra de compartilhamento proporcional aceitável a ambos?

e) Existe alguma regra de compartilhamento não proporcional aceitável a ambos?

9. João, Antônio e Luís estão considerando a possibilidade de compartilhar, proporcionalmente, uma loteria normal de média 10 e desvio padrão 10. Os coeficientes de aversão ao risco (constantes) são, respectivamente, 0,4; 0,5; e 2,0. Estudar o problema e verificar se existe a possibilidade de dois dos três, ou os três, se unirem para aceitar a loteria. Que proporção da loteria caberia a cada um deles?

10. Um investidor com curva de utilidade exponencial com $\gamma = 0{,}002$ e taxa de retorno $i = 20\ \%$ está considerando a possibilidade de adotar o seguinte investimento:

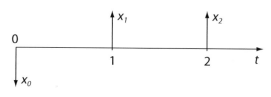

onde x_0 é um desembolso de valor R$ 140.000,00 e x_1 e x_2 são receitas aleatórias, independentes e normalmente distribuídas com média e desvio padrão dados a seguir, em reais:

Variável	Média	Desvio padrão
x_1	$\mu_1 = 108.000$	$\sigma_1 = 3.600$
x_2	$\mu_2 = 115.200$	$\sigma_2 = 5.560$

a) Qual o valor do investimento se a incerteza for resolvida na hora dos pagamentos? O investidor adotará o investimento?

b) Qual o valor do investimento com resolução imediata da incerteza? O investidor adotará o investimento? Qual o valor da resolução imediata da incerteza?

11. Em um país hipotético, os julgamentos são conduzidos da seguinte maneira: os códigos atribuem valores monetários às quatro possíveis consequências de um julgamento:
    - Condenar réu culpado ($\bar{A}$, $\bar{I}$)
    - Absolver réu culpado (A, $\bar{I}$)
    - Absolver réu inocente (A, I)
    - Condenar réu inocente ($\bar{A}$, I)

deixando ao juiz a tarefa de tomar a decisão (condenar ou absolver) face à evidência produzida durante o julgamento. O valor das duas primeiras consequências é função da gravidade do delito e o da última é função da pena. A consequência "Absolver réu inocente" é considerada o *status quo*. Um juiz, cuja curva de utilidade é dada por $u(x) = \sqrt{x+100}$, foi designado para julgar o réu, acusado de certo delito para o qual os códigos prescrevem o seguinte problema de decisão:

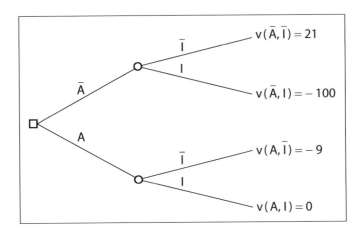

ANÁLISE ESTATÍSTICA DA DECISÃO

A evidência produzida durante o julgamento faz com que o juiz atribua uma probabilidade de 80 % de o réu ser culpado.

a) Qual será o veredicto do juiz? Qual o equivalente certo?

b) Ocorre ao magistrado que a sociedade é praticamente indiferente ao risco para valores da ordem de grandeza dos desse problema e que ele, como representante da sociedade, deveria maximizar o valor esperado. Qual será o veredicto? Qual será o valor esperado?

c) Um "honrado" contrabandista no desempenho de suas atividades assistiu ao delito e sabe se o réu é inocente ou culpado. O contrabandista não vai depor pois seu testemunho o incriminaria, mas, se o juiz o isentar da possível acusação de contrabando, dirá a verdade com probabilidade 1 (por isso é "honrado"). Os códigos permitem isentar uma testemunha da acusação de contrabando, mas atribuem uma perda monetária de 20 ao indulto. O que deve fazer o juiz? Qual o valor esperado nessas condições?

d) Como alternativa, o juiz poderá ordenar a um agente secreto, conhecido por sua hostilidade a todos os réus, e que testemunhou o ocorrido, a depor. O agente secreto dirá a verdade se o réu for culpado, mas mentirá com 20% de probabilidade se o réu for inocente. Quanto vale o testemunho do agente? O juiz deverá chamá-lo, levando em conta que a perda de um agente secreto custa 10 à sociedade?' (O agente nunca mais voltará a ser secreto...).

e) Um juiz que absolve quando houver uma "dúvida razoável" de 5 % quanto à culpa do réu, como agirá nos três estados de informação do problema?

f) Obter e representar graficamente o coeficiente de aversão ao risco da curva de utilidade dada.

g) Obter o preço de compra e de venda da loteria abaixo, usando a curva de utilidade dada

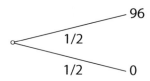

Resolver por tentativas: preço de compra entre 40 e 48.

12. A um fabricante foi oferecido um contrato de preço fixo para construir e manter um sistema de N dispositivos de mesmo tipo, por um período de T anos. Cada falha de qualquer dos dispositivos durante o mencionado período deve ser sanada pelo fabricante ao custo unitário C. A construção do sistema custa K e o contrato tem o valor R. Todos os valores mencionados estão expressos em termos de valor presente.

O problema é que o fabricante sabe apenas que o custo de construção, K, vale K_1 com probabilidade 1/3, ou K_2, com probabilidade 2/3, e que não conhece a frequência anual de falhas dos componentes λ, o que é de importância crucial na determinação do custo do contrato. Sabe-se que as falhas ocorrem segundo um processo de Poisson[6] com λ falhas por componente por ano e que a distribuição *a priori* produzida pelos engenheiros do fabricante tem média $\bar{\lambda}$.

a) Qual o lucro esperado do contrato? (O fabricante rejeitará o contrato se o lucro esperado for negativo)
b) Qual o valor da clarividência sobre K?
c) Qual o valor da clarividência sobre λ?

---

6 Esta distribuição é definida no item 2.6.b.

6. INFERÊNCIA BAYESIANA

6.1 INTRODUÇÃO

O termo **inferência** (ou indução) refere-se ao processo de raciocínio pelo qual, partindo-se do conhecimento de uma parte, se procura tirar conclusões sobre o todo. É esse o escopo da Estatística. De fato, nos estudos de inferência estatística, a parte é a amostra e o todo, a população ou o universo de interesse.

Ora, um estudo estatístico é, em geral, efetuado para permitir a tomada de uma decisão. Não fosse assim, dificilmente encontraríamos uma justificativa para incorrer no esforço e no custo que o estudo estatístico demanda.

Citamos, como exemplo, a teoria dos testes de hipóteses, que tem como objetivo **decidir** se uma determinada hipótese deve ser aceita ou pode ser rejeitada em função da inferência estatística que se efetuou.

A partir de aproximadamente 1930, a inferência estatística experimentou um marcante surto de desenvolvimento baseado em certos princípios restritivos e hipóteses então formulados. Dá-se o nome de Estatística Clássica ao corpo de resultados decorrentes desse movimento.

Todavia, a partir de 1960, surgiu novo surto de desenvolvimento marcado pela crítica aos princípios e hipóteses do enfoque clássico. Esse movimento representa um retorno às origens da inferência e o abandono dos princípios restritivos a que nos referimos. Denomina-se esse enfoque **Estatística Bayesiana**, em homenagem a Thomas Bayes, um estatístico do século retrasado, pela interpretação que se deu ao teorema que leva seu nome.

Enfatizamos neste livro a Inferência Bayesiana pela utilidade que apresenta para a Análise de Decisões.

Fazemos, no item 6.5, uma comparação crítica das duas abordagens e mostramos que a Estatística Clássica representa um caso extremo da Estatística Bayesiana. Por outro lado, notamos que ambas as abordagens têm seus campos específicos de aplicação, razão pela qual não se deve esperar que um dos enfoques venha a prevalecer sobre o outro.

6.2 GENERALIZAÇÕES DO TEOREMA DE BAYES

Vimos em (2.20) a forma comum do Teorema de Bayes, abaixo produzida:

$$P(A_k \mid B) = \frac{P(A_k) \cdot P(B \mid A_k)}{\sum_{i=1}^{n} P(A_i) \cdot P(B \mid A_i)} \qquad (6.1)$$

Esta expressão pressupõe uma partição $\{A_i\}$, $i = 1,2, \ldots, n$ de eventos mutuamente excludentes e um evento B qualquer de cuja ocorrência passamos a ter ciência. O teorema nos fornece a distribuição de probabilidades dos eventos A_i posterior à ocorrência do evento B.

A expressão (6.1) pode claramente ser adaptada para o caso de uma variável aleatória discreta X que pode assumir os valores $x_1, x_2, x_3, \ldots x_n$, obtendo-se:

$$P(x_k \mid B) = \frac{P(x_k) \cdot P(B \mid x_k)}{\sum_i P(x_i) \cdot P(B \mid x_i)} \qquad (6.2)$$

Se X for uma variável aleatória contínua, teremos, por raciocínio análogo,

$$P(x \leq X \leq x + dx \mid B) = \frac{P(x \leq X \leq x + dx) \cdot P(B \mid x \leq X \leq x + dx)}{\int_{-\infty}^{+\infty} P(x \leq X \leq x + dx) \cdot P(B \mid x \leq X \leq x + dx) dx}$$

Notando que, no limite quando $dx \to 0$,

$$P(B) \mid x \leq X \leq x + dx) = P(B \mid x)$$
$$P(x \leq X \leq x + dx) = f(x)dx,$$

temos, substituindo e simplificando:

$$f(x \mid B) = \frac{f(x) \cdot P(B \mid x)}{\int_{-\infty}^{+\infty} f(x) \cdot P(B \mid x) dx} \qquad (6.3)$$

Em particular, B pode ser um dado valor de uma variável aleatória discreta Y. Finalmente, supondo que Y seja uma variável aleatória contínua, teremos:

$$f(x \mid y \leq Y \leq y + dy) = \frac{f(x) \cdot P(y \leq Y \leq y + dy \mid x)}{\int_{-\infty}^{+\infty} f(x) \cdot P(y \leq Y \leq y + dy \mid x) dx}$$

Notando que, no limite quando $dy \to 0$,

$$f(x \mid y \leq Y \leq y + dy) = f(x \mid y)$$
$$P(y \leq Y \leq y + dy \mid x) = f(y \mid x)dy,$$

temos, substituindo e simplificando:

$$f(x\mid y) = \frac{f(x) \cdot f(y\mid x)}{\int_{-\infty}^{+\infty} f(x) \cdot f(y\mid x)dx} \qquad (6.4)$$

Note-se que as expressões dos denominadores de (6.2), (6.3) e (6.4) nada mais são que as correspondentes generalizações do teorema da probabilidade total. De fato, os denominadores das (6.2) e (6.3) nos dão uma forma expandida (em relação a x_i e a x) de calcular $P(B)$, e o denominador da (6.4), de calcular $f(y)$.

A "expansão" acima mencionada pode também ser aplicada à expectância de uma variável aleatória ou de funções da variável. Assim, por exemplo, no caso discreto:

$$E(Y) = \sum_i P(x_i) \cdot E(Y\mid x_i) \qquad (6.5)$$

ou, no caso contínuo:

$$E(Y) = \int_{-\infty}^{+\infty} f(x) \cdot E(Y\mid x)dx. \qquad (6.6)$$

6.3 O SIGNIFICADO DO TEOREMA DE BAYES PARA A INFERÊNCIA ESTATÍSTICA

Concentremos nossa atenção sobre a forma comum do Teorema de Bayes (6.1) e suponhamos que, em dado instante, nosso conhecimento a respeito de certo processo probabilístico nos tenha levado a concluir que as probabilidades de ocorrência dos eventos $A_1, A_2, ..., A_n$ sejam, respectivamente, $P(A_1), P(A_2), ..., P(A_n)$.

Suponhamos ainda que, a seguir, tenhamos tomado conhecimento da ocorrência do evento B, cuja probabilidade depende dos eventos A_i. Nessas condições, o Teorema de Bayes nos permite calcular **novas** probabilidades de ocorrência dos eventos A_i em função do conhecimento adquirido (ou seja, do evento B ter-se realizado).

Trata-se, portanto, de uma **revisão** de probabilidades decorrente de um novo estado de informação, o que por sinal é muito intuitivo. Todos nós temos uma opinião a respeito, por exemplo, do evento "amanhã será um dia chuvoso" e teremos condições de externar essa opinião em termos probabilísticos. Digamos que, em nossa opinião, a probabilidade de "amanhã ser um dia chuvoso" seja de 30%. É claro que esse número mudará profundamente se ligarmos o rádio e ouvirmos o locutor informar: "(...) a pior frente fria dos últimos meses se encontra agora a apenas 50 quilômetros de distância (...)"[1]

Pelo fato de o Teorema de Bayes nos permitir proceder à mencionada revisão de probabilidades decorrente do conhecimento do evento B, dizemos que $P(A_i)$

---

1 Ver, a propósito, o exemplo 1 do item 2.4.

Inferência Bayesiana

é a atribuição de probabilidade prévia à ocorrência do evento B e $P(A_i \mid B)$ é a atribuição de probabilidade posterior à ocorrência do evento B[2].

Suponhamos agora que o evento B seja o resultado de determinado experimento, como, por exemplo, "em uma amostra de 100 peças inspecionadas constataram-se dezoito peças defeituosas". Sejam os A_i os possíveis valores da porcentagem de peças defeituosas produzidas por certo processo. É claro que as probabilidades dos diferentes A_i serão afetadas pelo conhecimento do evento B acima mencionado, que no caso representa o resultado de uma amostragem. Neste caso, o Teorema de Bayes produziu a revisão das probabilidades em função de um processo de amostragem estatística, operação que se denomina **inferência estatística**.

As considerações acima, que por sinal se aplicam igualmente às demais formas do Teorema de Bayes, levam-nos, pois, às duas seguintes conclusões da maior importância:

a) A probabilidade não representa um estado das coisas (ou da natureza), mas, sim, um **estado de conhecimento**. Quando as cartas de um baralho são "embaralhadas", em nossa mente elas se dispõem de maneira totalmente caótica. Fisicamente, por coincidência ou por golpe de mágica, poderão até resultar rigorosamente classificadas.

b) O Teorema de Bayes encerra a chave para a inferência estatística. A possibilidade de atualizar as atribuições de probabilidade, sempre que novas informações de relevância venham ter às nossas mãos, permitir-nos-á desenvolver toda a teoria da inferência.

Exemplo: Inferência do processo de Bernoulli.

Um processo de Bernoulli consiste em realizar provas que possam resultar em "sucesso" com probabilidade p, ou em "fracasso", com probabilidade $1 - p$. Além disso, num processo de Bernoulli as provas são independentes.

Vamos admitir que, de início, o valor de p seja completamente desconhecido, de forma que tenhamos adotado uma distribuição uniforme para p, ou seja,

$$f(p) = 1, \qquad 0 \le p \le 1 \qquad \text{(ver Figura 6.1}a\text{)}$$

Seja a evidência experimental S_1 = "Sucesso em uma primeira prova realizada". Podemos obter a distribuição de probabilidades de p *a posteriori* de S_1 pelo Teorema de Bayes:

$$f(p \mid S_1) = \frac{f(p) \cdot P(S_1 \mid p)}{\int_0^1 f(p) \cdot P(S_1 \mid p) dp} = \frac{1 \cdot p}{\int_0^1 p\, dp} = \frac{p}{1/2}$$

$$f(p \mid S_1) = 2p, \qquad 0 \le p \le 1 \qquad \text{(ver Figura 6.1}b\text{)}$$

---

[2] Conforme já mencionamos no Capítulo 2, as respectivas distribuições de probabilidades são, muitas vezes, chamadas de *a priori* e *a posteriori* da ocorrência do evento B.

ANÁLISE ESTATÍSTICA DA DECISÃO

Imaginemos que, a seguir, uma nova prova foi realizada, ocorrendo F_2 = "Fracasso em uma segunda prova realizada". Devemos agora considerar a distribuição dada por $f(p \mid S_1)$ como *a priori* desta segunda prova, sendo a distribuição *a posteriori* de F_2 dada novamente pelo Teorema de Bayes:

$$f(p \mid S_1 F_2) = \frac{f(p \mid S_1) \cdot P(F_2 \mid p)}{\int_0^1 f(p \mid S_1) \cdot P(F_2 \mid p) dp} =$$

$$= \frac{2p \cdot (1-p)}{\int_0^1 2p(1-p)dp} = \frac{2p(1-p)}{1/3}$$

$$\therefore f(p \mid S_1 F_2) = 6p(1-p), \qquad 0 \le p \le 1 \qquad \text{(ver Figura 6.1c)}$$

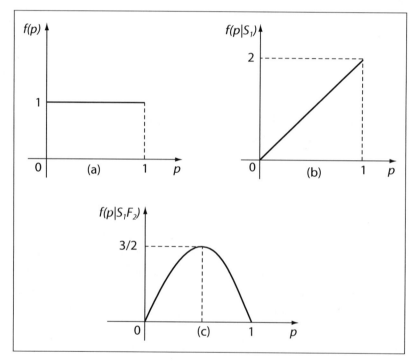

Figura 6.1 – Distribuições de probabilidade do parâmetro p

Deve-se notar que, se realizássemos um único experimento constituído de duas provas, obtendo $S_1 F_2$, (ou $F_1 S_2$), a distribuição *a posteriori* seria a mesma da Figura 6.1c. De fato, teríamos:

$$f(p \mid S_1 F_2) = \frac{f(p) \cdot P(S_1 F_2 \mid p)}{\int_0^1 f(p) P \cdot (S_1 F_2 \mid p) dp} =$$

$$= \frac{1 \cdot p(1-p)}{\int_0^1 p(1-p) dp} = 6p(1-p)$$

Isso não ocorre por mero acaso. De fato, pode-se demonstrar que o Teorema de Bayes fornece a mesma distribuição *a posteriori* final se a informação experimental for incorporada parceladamente ou de uma única vez.

6.4 INTERPRETAÇÃO DOS TERMOS DA FÓRMULA DE BAYES

Sabemos que a "fórmula de Bayes" nos permite obter a distribuição *a posteriori* de alguma informação adicional. Pretendemos aqui, apenas, deixar bem claro o significado de todos os termos existentes na fórmula. Como o significado desses termos é o mesmo para todas as expressões vistas no item 6.2, usaremos como ilustração apenas a expressão (6.4).

Já vimos que $f(x)$ e $f(x \mid y)$ representam, respectivamente, as distribuições prévia e posterior (do resultado y) da variável aleatória X, calculadas em um ponto genérico x.

O termo $f(y \mid x)$, embora formalmente análogo ao $f(x \mid y)$ tem, entretanto, uma interpretação bastante diversa. A esse termo chamamos **verossimilhança** do resultado y no ponto x. Interpretada de outra forma (imaginando-se o resultado experimental, y, fixo e que x varie sobre seu domínio), $f(y \mid x)$ é a **função de verossimilhança** do resultado y.

É importante notar o ponto essencial de diferença conceitual entre $f(y \mid x)$ e $f(x \mid y)$: é sabido que o resultado y já ocorreu, sendo y, pois, constante para todos os efeitos. Logo, tanto $f(x \mid y)$ como $f(y \mid x)$ são funções apenas de x, mas $f(y \mid x)$ não é, nessas condições, uma função densidade de probabilidade. Da mesma forma, $P(B \mid x)$ na expressão (7.3), quando encarada como função de x, não é uma função probabilidade.

Vemos que a função de verossimilhança de um dado resultado experimental é definida como a probabilidade (no caso discreto) ou a densidade de probabilidade (no caso contínuo) desse resultado condicionado aos possíveis estados da natureza (no caso, os valores de X). A definição é válida em cada ponto x. A função de verossimilhança, entretanto, encarada como função de x, não é uma função probabilidade ou densidade de probabilidade[3].

Resta considerar o termo do denominador da fórmula de Bayes, que não tem maior importância, sendo apenas um fator de normalização. De fato, esse fator é uma constante que faz com que as probabilidades ou densidades de probabilidade posteriores satisfaçam à condição básica de que a soma das probabilidades, no caso discreto, seja unitária ou, no caso contínuo, de que

$$\int_{-\infty}^{+\infty} f(x \mid y) dx = 1.$$

---

[3] Notar, no exemplo anterior, que $P(S_1 \mid p)$ não satisfaz à condição de função densidade de probabilidade, pois $\int_0^1 P(S_1 \mid p) dp = \int_0^1 p\, dp = \dfrac{1}{2} \neq 1$.

6.5 PRINCÍPIOS DA MÁXIMA VEROSSIMILHANÇA E DE BAYES

Vamos imaginar que se deseje estimar um determinado parâmetro de uma população com base nos resultados de uma amostra aleatória. O princípio da máxima verossimilhança (da Estatística Clássica) recomenda que se adote como estimativa para o parâmetro o valor que maximiza a função de verossimilhança do resultado amostral obtido. Apresentamos adiante um exemplo desse procedimento.

A principal crítica que se pode fazer a esse princípio é o fato de ignorar por completo qualquer informação existenfe antes da realização do experimento. Por exemplo: pode-se mostrar que, se desejamos estimar uma proporção populacional, deve-se tomar como estimativa de máxima verossimilhança a proporção, observada na amostra, da característica em que se está interessado. Assim, se desejarmos estimar a proporção de vezes que uma moeda dá cara e existir uma evidência experimental consistindo em três caras em quatro lançamentos, a estimativa de máxima verossimilhança seria 0,75, valor que não leva em conta qualquer consideração quanto à simetria da moeda. A alternativa fornecida pela Estatística Clássica, no caso, seria montar um teste da hipótese de que P(cara) = 0,5. Essa hipótese seria, então, claramente aceita pois a evidência experimental não seria, de forma alguma, suficiente para rejeitá-la aos níveis geralmente permitidos de erro (significância). Mesmo nesse caso, no entanto, não se chegaria a uma definição quanto ao valor do parâmetro a estimar, o qual seria admitido como igual a 0,5 por falta de prova contrária.

Na mesma situação exposta, o procedimento de inferência bayesiana considera a informação inicial e também o resultado experimental. Uma função de perda (ou ganho, *mutatis mutandis*) deve ser associada ao problema, adotando-se como estimativa o valor que minimize a perda esperada. Caso não haja perdas a considerar, a Inferência Bayesiana contenta-se em fornecer a distribuição de probabilidades dos possíveis valores do parâmetro posterior à evidência experimental, conforme vimos no exemplo dado no item 6.2.

Do exposto, segue-se que o princípio da máxima verossimilhança encontra seu melhor campo de aplicação quando não se dispõe de informação prévia relevante, o que equivale a considerar uma distribuição prévia difusa. Entretanto, o resultado obtido nesse caso é análogo ao que seria obtido pelo procedimento bayesiano.

Por outro lado, alguns dos procedimentos da Estatística Clássica só dão bons resultados com amostras grandes, exigência esta que não é restrição para os procedimentos bayesianos.

Finalizando essa discussão, devemos dizer em favor da Estatística Clássica que, de fato, em vários casos, a Inferência Bayesiana esbarra na dificuldade matemática oriunda de seu procedimento. Assim, em certos campos onde a Estatística Clássica tem apresentado alguns de seus resultados mais profícuos, como no Controle de Qualidade e Demografia, a Inferência Bayesiana não tem, por enquanto, condições de rivalização.

Exemplo: Método da máxima verossimilhança

Vamos obter o estimador (isto é, a quantidade a ser usada na estimação) de máxima verossimilhança para a proporção de sucessos em uma população muito grande. Foi adotado o procedimento de amostragem binomial, isto é, verificado o número r de sucessos em n observações aleatórias.

A função de verossimilhança da evidência experimental (r, n)[4] é dada pela probabilidade de se obterem r sucessos em n observações, sendo p a proporção real de sucessos, ou seja:

$$L(r, n, p) = P(r, n \mid p) = P(r \mid n, p) =$$
$$= \binom{n}{r} p^r (1-p)^{n-r}$$

O máximo da função de verossimilhança é obtido por derivação. Chamando $\hat{p}$ ao estimador de máxima verossimilhança, temos:

$$\frac{dL(r,n,p)}{dp} = \binom{n}{r}[-p^r(n-r)(1-p)^{n-r-1} + rp^{r-1}(1-p)^{n-r}] =$$
$$= \binom{n}{r} p^{r-1}(1-p)^{n-r-1}[r(1-p) - (n-r)p]$$

$$\therefore r(1-\hat{p}) - (n-r) = \hat{p} = 0$$

$$\therefore r - r\hat{p} - n\hat{p} + r\hat{p} = 0 \quad \therefore \hat{p} = \frac{r}{n}$$

Vemos, portanto, que o estimador de máxima verossimilhança da proporção populacional, no caso, é a frequência relativa observada na amostra.

Em vez de derivar a função de verossimilhança, poderíamos derivar seu logaritmo, o que, em geral, simplifica o cálculo. De fato, teríamos:

$$\ln L(r, n, p) = \ln\binom{n}{r} + r \ln p + (n-r)\ln(1-p)$$

$$\frac{d \ln L}{dp} = \frac{r}{p} - \frac{n-r}{1-p}$$

$$\therefore \frac{r}{\hat{p}} - \frac{n-r}{1-\hat{p}} = 0$$

$$\therefore r(1-\hat{p}) = (n-r)\hat{p} \quad \therefore \hat{p} = \frac{r}{n}$$

---

4 Ver, a propósito, o item 7.1.

ANÁLISE ESTATÍSTICA DA DECISÃO

6.6 INFERÊNCIA BAYESIANA COM FUNÇÃO DE PERDA QUADRÁTICA

Esse tipo de função de perda tem grande importância por representar uma boa idealização do que muitas vezes ocorre na realidade.

Dado um parâmetro ρ e sua estimativa g, uma função de perda quadrática é definida por:

$$l(g, \rho) = c(g - \rho)^2 \tag{6.7}$$

A estimativa deve ser escolhida de modo a minimizar a perda esperada dada por:

$$E(l \mid g) = \int c(g - \rho)^2 \cdot f(\rho) \, d\rho =$$
$$= c[g^2 \int f(\rho) \, d\rho - 2g \int \rho f(\rho) d\rho + \int \rho^2 f(\rho) d\rho] =$$
$$= c[g^2 - 2gE(\rho) + E(\rho^2)]^5 \tag{6.8}$$

Derivando e igualando a zero, vem:

$$\frac{d}{dg} E(l \mid g) = c[2g - 2E(\rho)] = 0$$

$$\therefore g = E(\rho)$$

Vemos, pois, que, para função de perda quadrática, a estimativa que minimiza a perda esperada é a média da distribuição de probabilidades dos possíveis valores do parâmetro. Caso houvesse algum resultado experimental x a ser considerado, o valor minimizante seria a média da distribuição *a posteriori* de ρ, ou seja, $E(\rho \mid x)$.

A perda esperada mínima é obtida substituindo g por $E(\rho)$ em (6.7), verificando-se facilmente que

$$E(l) = c[E(\rho^2) - (E(\rho))^2] = cV(\rho), \tag{6.9}$$

onde $V(\rho)$ é a variância da distribuição de probabilidade do parâmetro ρ.

6.7 O PROCEDIMENTO GERAL

Vamos resumir neste item o procedimento geral para se determinar a estimativa de um parâmetro segundo o critério bayesiano. Evidentemente, conforme os elementos disponíveis e a finalidade que se tenha em mente, algumas das etapas mencionadas a seguir poderão ser eliminadas.

a) Estabelecer a distribuição *a priori* dos possíveis valores do parâmetro.

b) Estabelecer a função de perda.

---

5 Evidentemente, o símbolo de integral deve ser entendido como somatória, no caso discreto.

c) Realizar a experimentação cabível.

d) Determinar a distribuição *a posteriori* dos possíveis valores do parâmetro.

e) Calcular a perda esperada em função da estimativa, com base na distribuição de probabilidades atualizada dos possíveis valores do parâmetro.

f) Obter o valor da estimativa que minimiza a perda esperada.

Exemplo: Adotou-se uma distribuição *a priori* uniforme para a probabilidade p de sucesso em cada prova de um processo de Bernoulli (cada prova leva a sucesso com probabilidade p e as provas são independentes). Um experimento será realizado, consistindo em se observarem três provas. A função de perda é dada por

$$l(g, p) = (g - p)^2$$

a) Qual a estratégia de decisão que minimiza a perda esperada?
b) Quais os valores da perda esperada *a posteriori*?
c) Qual a expectância prévia da perda *a posteriori*?

Solução:

a) Sendo X o número de sucessos nas três provas disponíveis, a distribuição de probabilidades de X em função de p é dada por:

x	$P(x \mid p)$
0	$(1-p)^3$
1	$3p(1-p)^2$
2	$3p^2(1-p)$
3	p^3
	1

Vamos investigar a estimativa ótima apenas para os resultados $X = 0$ e $X = 1$, devido à simetria do problema.

Se $X = 0$, temos, pelo Teorema de Bayes:

$$f(p \mid X = 0) = \frac{f(p) \cdot P(X = 0 \mid p)}{\int_0^1 f(p) \cdot P(X = 0 \mid p) dp} =$$

$$= \frac{1 \cdot (1-p)^3}{\int_0^1 (1-p)^3 dp} = \frac{(1-p)^3}{\left[-\frac{1}{4}(1-p) \right]_0^1} =$$

$$= 4(1-p)^3$$

ANÁLISE ESTATÍSTICA DA DECISÃO

Sendo a função de perda quadrática, a estimativa minimizante será

$$g_0 = E(p\mid X=0) = \int_0^1 p \cdot 4(1-p)^3\, dp = \frac{1}{5}$$

Analogamente:

$$f(p\mid X=1) = \frac{f(p) \cdot P(X=1\mid p)}{\int_0^1 f(p) \cdot P(X=1\mid p)\, dp}$$

$$= \frac{1 \cdot 3p(1-p)^2}{\int_0^1 3p(1-p)^2\, dp} = 12p(1-p)^2$$

$$\therefore g_1 = E(p\mid X=1) = \int_0^1 p \cdot 12p(1-p)^2\, dp = \frac{2}{5}$$

Por simetria, teríamos $E(p\mid X=2) = \frac{3}{5}$ e $E(p\mid X=3) = \frac{4}{5}$. Logo, a estratégia ótima de decisão associa aos resultados $X=0$, $X=1$, $X=2$ e $X=3$ as estimativas $\frac{1}{5}$, $\frac{2}{5}$, $\frac{3}{5}$ e $\frac{4}{5}$.

A título de ilustração, as respectivas estimativas de máxima verossimilhança seriam 0, $\frac{1}{3}$, $\frac{2}{3}$ e 1.

b) As variâncias das distribuições posteriores a $X=0$ e $X=1$ são calculadas de:

$$E(p^2 \mid X=0) = \int_0^1 p^2 \cdot 4(1-p)^3\, dp = \frac{1}{15}$$

$$\therefore V(p\mid X=0) = E(p^2\mid X=0) - [E(p\mid X=0)]^2$$

$$= \frac{1}{15} - \left(\frac{1}{5}\right)^2 = \frac{2}{75}$$

$$E(p^2\mid X=1) = \int_0^1 p^2 \cdot 12p(1-p)^2\, dp = \frac{1}{5}$$

$$\therefore V(p\mid X=1) = \frac{1}{5} - \left(\frac{2}{5}\right)^2 = \frac{1}{25}$$

Pelo resultado (6.9), estes são os valores de $E(l\mid X=0)$ e $E(l\mid X=1)$.

Por simetria, temos também que $E(l\mid X=3) = \frac{1}{25}$ e $E(l\mid X=4) = \frac{2}{75}$.

c) O cálculo da expectância prévia da perda posterior é feita como se segue. Inicialmente, vamos considerar a estratégia de decisão obtida em *a* e a função de perda, calculando a expectância prévia da perda posterior em função de p. Para tanto, vamos usar a ideia de **expansão** contida no teorema da probabilidade total aplicada às expectâncias posteriores:

$$E[l(g,p\mid X,p)] = \sum_i l(g,p\mid X=i) \cdot P(X=i\mid p) =$$

$$= \sum_i (g_i - p)^2 \cdot P(X=i\mid p)$$

A simetria do problema nos permite, uma vez mais, simplificar o cálculo, escrevendo:

$$E[l(g,p\mid X,p)] = 2[(g_0 - p)^2 P(X=0\mid p) + (g_1 - p)^2 P(X=1\mid p)] =$$

$$= 2\left[\left(\frac{1}{5}-p\right)^2 \cdot (1-p)^3 + \left(\frac{2}{5}-p\right)^2 \cdot 3p(1-p)^2\right] =$$

$$= \frac{2}{25}[1 - p - 26p^2 + 101p^3 - 125p^4 + 50p^5]$$

Podemos agora determinar a expectância prévia da perda posterior mediante:

$$E[l(g,p\mid X)] = \int_0^1 E[l(g,p\mid X,p)]f(p)\,dp =$$

$$= \int_0^1 \frac{2}{25}[1 - p - 26p^2 + 101p^3 - 125p^4 + 50p^5] \cdot 1 dp = \frac{1}{30}$$

Este resultado poderia ser obtido mais diretamente pois, da simetria do problema, a distribuição das probabilidades totais de X é simétrica, ou seja, $P(X=i) = \frac{1}{4}, i=0,1,2,3.$ Logo, expandindo:

$$E[l(g,p\mid X)] = \sum_i E[l(g,p\mid X=i)] \cdot P(X=i) =$$

$$= \sum_i V(p\mid X=i) \cdot P(X=i) = 2\sum_{i=0}^1 V(p\mid X=i) \cdot P(X=i) =$$

$$= 2\left[\frac{2}{75} \cdot \frac{1}{4} + \frac{1}{25} \cdot \frac{1}{4}\right] = \frac{1}{30}$$

6.8 TEOREMA DA CONSERVAÇÃO DA VARIÂNCIA

Este importante teorema refere-se a uma relação fundamental. Afirma que "a variância prévia é igual à soma da expectância prévia da variância posterior com a variância prévia da expectância posterior". Em símbolos:

$$V(X) = E[V(X\mid Y)] + V[E(X\mid Y)] \tag{6.10}$$

Ou, abreviadamente, $V = EV + VE$.

Prova: Inicialmente, mostremos que a expectância prévia da expectância posterior é igual à expectância prévia. Pelo teorema da probabilidade total generalizado, como em (6.4), temos:

$$f(x) = \int_y f(x \mid y) \cdot f(y) dy$$

$$\therefore E(X) = \int_y x f(x) dx = \int_y x \int_y f(x \mid y) \cdot f(y) dy dx =$$

$$= \int_x \int_y x f(x \mid y) \cdot f(y) dx dy =$$

$$= \int_y E(X \mid y) \cdot f(y) dy$$

Mas

$$E[E(X \mid Y)] = \int_y E(X \mid y) \cdot f(y) \, dy = E(X)$$

Isso vale também para $E[E(X^2 \mid Y)]$. Temos, portanto:

$$E[V(X \mid Y)] = E[E(X^2 \mid Y) - (E(X \mid Y))^2] =$$

$$= E(X^2) - E[E(X \mid Y)]^2$$

$$V[E(X \mid Y)] = E[E(X \mid Y)]^2 - (E[E(X \mid Y)])^2 =$$

$$= E[E(X \mid Y)]^2 - [E(X)]^2$$

$$\therefore E[V(X \mid Y)] + V[E(X \mid Y)] =$$

$$= E(X^2) - [E(X)]^2 = V(X)$$

Exemplo: Consideremos o exemplo, visto no item 6.3, *a priori* e *a posteriori* da observação de uma prova. A variância prévia é:

$$V(p) = \int_0^1 p^2 dp - \left(\frac{1}{2}\right)^2 = \frac{1}{3} - \frac{1}{4} = \frac{1}{12}$$

A realização de uma única prova de Bernoulli levará a S_1 (sucesso) ou F_1 (fracasso). Foi visto que S_1 leva a uma distribuição triângulo-retangular crescente; evidentemente, F_1 levaria à triângulo-retangular decrescente. Logo, qualquer que seja o resultado experimental, a variância posterior e, portanto, sua expectância prévia, será:

$$E[V(p \mid y)] = \int_0^1 p^2 \cdot 2p \, dp - \left[\int_0^1 p \cdot 2p \, dp\right]^2 = \frac{1}{2} - \left(\frac{2}{3}\right)^2 = \frac{1}{18}$$

Inferência Bayesiana

Por sua vez, a expectância posterior a S_1 é 2/3, conforme imediatamente se verifica e, por simetria, a expectância posterior a F_1 é 1/3. Sendo equiprováveis S_1 e F_1, a variância prévia da expectância posterior será:

$$V[E(p|y)] = \left[\left(\frac{1}{3}\right)^2 \cdot \frac{1}{2} + \left(\frac{2}{3}\right)^2 \cdot \frac{1}{2}\right] - \left(\frac{1}{2}\right)^2 = \frac{1}{36}$$

Logo, verifica-se o teorema, pois $\frac{1}{18} + \frac{1}{36} = \frac{1}{12}$.

6.9 EXERCÍCIOS PROPOSTOS

1. Provar formalmente a afirmação feita ao final do exemplo dado no item 6.2 de que a distribuição final posterior é a mesma, quer a evidência amostral seja incorporada de uma só vez, quer parceladamente.

2. Uma urna contém dez bolas, das quais k são pretas. Quatro bolas foram retiradas ao acaso, verificando-se que uma delas era preta e as demais, brancas. Determinar a estimativa de máxima verossimilhança para k admitindo que as extrações tenham sido:
   a) Com reposição
   b) Sem reposição

3. Determinar as estimativas de máxima verossimilhança obtidas partir de amostras de n elementos para:,
   a) A média de uma população normal, cuja variância é conhecida.
   b) A variância de uma população normal, cuja média é conhecida.

4. Mostrar que, para uma estrutura de perda linear, isto é,

   $l(g, \rho) = c \, |g - \rho|,$

   a estimativa que minimiza a perda esperada é a mediana da distribuição de probabilidades dos possíveis valores do parâmetro.

5. Verificar qual estimativa minimiza a perda esperada para a seguinte estrutura de perda:

   $$l(g, \rho) = \begin{cases} \alpha(\rho - g) & \text{para} \quad \rho > g \\ \beta(g - \rho) & \text{para} \quad \rho \leq g. \end{cases}$$

6. Adotou-se uma distribuição prévia uniforme para a probabilidade de sucesso p de um processo de Bernoulli. Em três provas, realizadas sequencialmente, obtiveram-se dois sucessos e um fracasso. Que estimativa g^* de p minimiza a perda esperada posterior? Qual a perda esperada posterior?

A função de perda é dada por:

$$l(g, p) = (g-p)^2 + \frac{1}{2}(g-p)$$

7. Uma caixa contém três bolas, das quais x são brancas e $3 - x$ são pretas. Um experimento consiste em retirar n bolas dessa caixa, sem reposição. Admitindo que a distribuição prévia admitida para x seja equiprovável, verificar a validade do teorema da conservação da variância para:

    a) $n = 1$
    b) $n = 2$

8. Diz-se que o estado de informação é de absoluta ignorância quando a distribuição prévia é difusa (ou uniforme), e que o estado de informação é de preconceito total quando a distribuição prévia é a função impulso, que pode ser entendida como uma função que associa probabilidade 1 a determinado valor e 0 a todos os demais. Comparar esses dois casos extremos aos modelos da Estatística Clássica e discutir a utilidade da experimentação nos dois casos. Em particular, o que você sugere fazer se o resultado da experimentação, no segundo caso, for incompatível com a distribuição prévia? Como essa inconsistência seria contornada?

7. DISTRIBUIÇÕES CONJUGADAS

Neste capítulo, apresentamos uma importante ferramenta no estudo da Inferência Bayesiana.

7.1 ESTATÍSTICAS SUFICIENTES

Seja Y uma evidência experimental surgida no processo de estimação bayesiana de um parâmetro ρ. Logo:

$$f(\rho \mid Y) = \frac{f(\rho) f(Y \mid \rho)}{f(Y)} \propto f(\rho) f(Y \mid \rho)^1 \qquad (7.1)$$

Seja $\underline{r} = \underline{r}(Y)$ um conjunto de estatísticas calculadas a partir da evidência Y. Se $f(\rho \mid \underline{r}) = f(\rho \mid Y)$, então r é um conjunto de estatísticas suficientes em relação à evidência Y. Neste caso, $f(Y \mid \rho)$ e $f(Y \mid \underline{r})$ têm o mesmo núcleo (ou *kernel*), isto é, a mesma dependência em ρ, conforme facilmente se percebe de (7.1).

As estatísticas suficientes contêm toda a informação relevante obtida a partir da evidência experimental (tanto assim que a distribuição posterior, quando se conhecem apenas as estatísticas suficientes, é **a mesma** que obteríamos se conhecêssemos a evidência experimental *in totum*) e por outro lado, são muito mais sucintas que a descrição completa do resultado do experimento. Portanto, as estatísticas suficientes tornam a inferência mais simples.

Exemplo: Em processo de Bernoulli, seja uma amostragem binomial, isto é, em n provas verificamos em quais provas ocorreram sucesso ou fracasso. Neste caso:

$$Y = \underline{x} = (x_1, x_2, ..., x_n)$$

onde

$$x_i = \begin{cases} 0 \text{ se fracasso na } i^a \text{ prova} \\ 1 \text{ se sucesso na } i^a \text{ prova} \end{cases}$$

$$\therefore f(\underline{x} \mid p) = p^r (1-p)^{n-r}$$

---

[1] O símbolo f está sendo usado, doravante, para representar indistintamente, distribuições contínuas ou discretas de probabilidade. Por seu turno, o símbolo $\propto$ significa "proporcional a".

ANÁLISE ESTATÍSTICA DA DECISÃO

Seja agora r o número de sucessos nas n provas, ou seja, $r = \sum_i x_i$,

Temos:

$$f(r, n \mid p) = f(r \mid n, p) = \binom{n}{r} p^r (1-p)^{n-r} \propto p^r (1-p)^{n-r}$$

Logo, (n, r) é um conjunto de estatísticas suficientes. Note-se que, conhecido este conjunto, podemos calcular a estimativa de máxima verossimilhança $\hat{p} = \dfrac{r}{n}$.

7.2 FAMÍLIAS CONJUGADAS

Suponhamos que a distribuição prévia $f(\rho)$ tenha parâmetro r' e pertença a uma família F de distribuições de probabilidade, e que a função de verossimilhança $f(\underline{r} \mid \rho)$ resulte de um dado modelo de amostragem A com parâmetro ρ, onde r é uma estatística suficiente. Temos:

$$f(\rho \mid \underline{r}) \propto f(\underline{r} \mid \rho) \cdot f(\rho)$$

Se $f(\rho \mid \underline{r})$ tiver parâmetros $r'' = h(\underline{r}, r')$ e pertencer à mesma família F de distribuições de probabilidade, então a família é conjugada em relação ao modelo de amostragem A.

O conhecimento das famílias de distribuições conjugadas é muito útil para a Inferência Bayesiana. De fato, certas distribuições, como, por exemplo, beta e gama, podem, por ajustes convenientes em seus parâmetros, fornecer distribuições com os mais variados formatos. Isso permite, praticamente, representar qualquer tipo razoável de distribuição prévia que se imagine. Adotando-se o modelo de amostragem conveniente, a distribuição posterior será do mesmo tipo que a prévia, com parâmetros facilmente calculados a partir das estatísticas suficientes da amostra, o que permite, portanto, realizar a inferência sem maiores dificuldades.

Exemplo: O processo de Bernoulli

No processo de Bernoulli, objeto do exemplo anterior, admitamos para o parâmetro p uma distribuição prévia β com parâmetros r' e n', ou seja:

$$f(p) = f_\beta(p \mid r', n') = \frac{(n'-1)!}{(r'-1)!(n'-r'-1)!} p^{r'-1}(1-p)^{n'-r'-1},$$

$$0 \le p \le 1 \tag{7.2}$$

---

2 Esta é uma das formas pelas quais a distribuição β pode ser parametrizada. Poderíamos escrever esta expressão usando a função Γ definida por:

$$\Gamma(x) = \int_0^x t^{x-1} e^{-t} dt,$$

que representa uma extensão do conceito de fatorial, pois $\Gamma(x) = (x-1)!$, quando x é inteiro. Teríamos então

$$f(p) = \frac{\Gamma(n')}{\Gamma(r') \Gamma(n'-r')} p^{r'-1}(1-p)^{n'-r'-1}$$

Inversamente, o leitor poderá interpretar o símbolo ! usado no texto estendido a números fracionários.

Esta família de distribuições é muito interessante como instrumento de representação para as distribuições prévias que podemos desejar associar a determinado estado da natureza e, em particular, à distribuição de determinado parâmetro, pois ela fornece inúmeras variedades de formatos possíveis. As próprias distribuições uniforme e triangular são casos particulares de distribuições β. Na Figura 7.1 apresentamos, a título de ilustração, algumas dessas distribuições. Os respectivos parâmetros r' e n' são fornecidos na Tabela 7.1 em correspondência aos números que identificam as distribuições na figura.

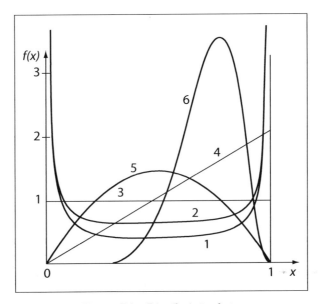

Figura 7.1 – Distribuições beta

Tabela 7.1 – Parâmetros das distribuições beta

nº	n'	r'
1	0,5	0,25
2	1,0	0,5
3	2,0	1,0
4	3,0	2,0
5	4,0	2,0
6	15,0	11,0

O fato de adotarmos para p uma distribuição prévia β leva a que

$$f(p \mid \underline{x}) \propto p^{r'-1}(1-p)^{n'-r'-1} \cdot p^r (1-p)^{n-r}$$
$$\therefore f(p \mid \underline{x}) \propto p^{r'+r-1} (1-p)^{n'+n-(r'+r)-1}$$

Logo, por coerência com o modelo de distribuição expresso em (7.2), devemos ter:

$$f(p|\underline{x}) = \frac{(n''-1)!}{(r''-1)!(n''-r''-1)!} p^{r''-1}(1-p)^{n''-r''-1} \qquad (7.3)$$

onde $r'' = r' + r$ e $n'' = n' + n$. Portanto, a família de distribuições β é conjugada em relação ao modelo de amostragem binomial do processo Bernoulli.

Esse resultado é, conforme já se ressaltou, de grande importância, pois a amostragem binomial é das mais usadas e as distribuições beta permitem a adoção de inúmeros formatos para a distribuição prévia.

Como ilustração de um processo sequencial de Inferência Bayesiana num processo de Bernoulli, mostramos na Figura 7.2 o aspecto de diversas distribuições posteriores que podem resultar. Nesse processo, a distribuição prévia supõe-se uniforme, ou seja, uma β(2,1), e os resultados experimentais que levaram às distribuições posteriores apresentadas são descritos na Tabela 7.2, na qual também são identificadas as respectivas distribuições.

Tabela 7.2 – Parâmetros das distribuições e eventos

Distribuição	nº	n'	r''	Evento
Prévia	1	2	1	
1ª posterior	2	3	2	1 sucesso
2ª posterior	3	4	2	1 sucesso e 1 fracasso
3ª posterior	4	5	3	2 sucessos e 2 fracassos
4ª posterior	5	10	7	6 sucessos e 2 fracassos
5ª posterior	6	15	11	10 sucessos e 3 fracassos

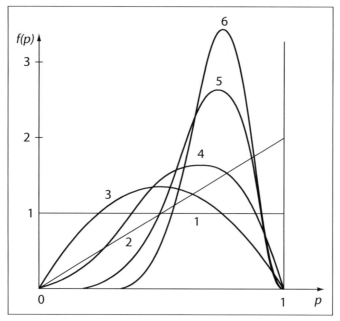

Figura 7.2 – Inferência do processo de Bernoulli

Como exercício, o leitor poderá desenvolver o modelo para a inferência do processo de Bernoulli, utilizando distribuições conjugadas, para a amostragem Pascal. Nesse tipo de amostragem são coletadas tantas provas (n') quantas necessárias para se obter o r'-ésimo sucesso.

7.3 O PROCESSO DE POISSON

Num processo de Poisson, os sucessos ou observações são identificados por "pontos" em um conjunto de observação contínuo (por exemplo, no tempo). Os sucessos são totalmente independentes entre si e a frequência média com que ocorrem é constante.

Vamos considerar os dois tipos de amostragem compatíveis com o processo de Poisson: amostragens exponencial e Poisson. Em ambos os casos, imaginaremos, para simplificar, os sucessos ocorrendo no tempo.

a) **Amostragem exponencial**

Neste tipo de amostragem, verificamos o tempo decorrido até a ocorrência da n-ésima observação. Sendo x_i o tempo decorrido entre duas observações consecutivas, teremos:

$$Y = \underline{x} = (x_1, x_2, ..., x_n)$$

Ora, sabemos que, em um processo de Poisson, o tempo decorrido entre duas observações consecutivas tem distribuição exponencial, ou seja:

$$f(x_i \mid \lambda) = \lambda e^{-\lambda x_i} \quad x_i > 0$$

Pela natureza independente com que as observações ocorrem:

$$f(x_i \mid x_1, x_2, ..., x_{i-1}, \lambda) = f(x_i \mid \lambda) = \lambda e^{-\lambda x_i}$$

$$\therefore f(\underline{x} \mid \lambda) = \prod_{i=1}^{n} \lambda e^{-\lambda x_i} = \lambda^n e^{-\lambda t} \tag{7.4}$$

onde $t = \sum_{i=1}^{n} x_i$.

A densidade de probabilidade de que seja decorrido um tempo t até a ocorrência de n sucessos consecutivos em um processo de Poisson é dada pela distribuição gama:

$$f(t, n \mid \lambda) = f(t \mid n, \lambda) = \frac{t^{n-1}}{(n-1)!} \lambda^n e^{-\lambda t}, \quad t \geq 0^3. \tag{7.5}$$

---

3 Ver nota de rodapé anterior.

A expressão (7.5) define uma família de distribuições de probabilidades que tem também uma grande importância. Na Figura 7.3 são apresentadas algumas dessas distribuições, todas com média 2, cuja identificação é feita na Tabela 7.3. Em particular, a distribuição número 2 é uma exponencial, pois $n = 1$.

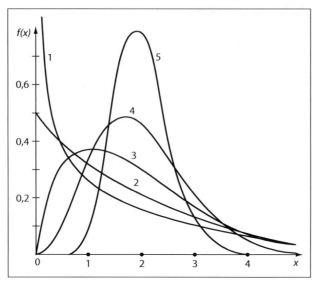

Figura 7.3 – Distribuições gama

Tabela 7.3 – Parâmetros das distribuições gama

nº	λ	n
1	0,3	0,6
2	0,5	1,0
3	1,0	2,0
4	2,5	5,0
5	7,5	15,0

Como as expressões (7.4) e (7.5) têm o mesmo núcleo, concluímos que (t, n) é um conjunto de estatística suficiente.

A família de distribuições conjugadas em relação ao modelo de amostragem exponencial é facilmente obtida, no caso, impondo-se a condição de que

$$f(\lambda \mid \underline{x}) \propto f(\lambda) \cdot f(\underline{x} \mid \lambda)$$
$$\therefore f(\lambda \mid \underline{x}) \propto f(\lambda) \cdot \lambda^n e^{-\lambda t}$$

Tomando

$$f(\lambda) = f_\Gamma(\lambda \mid n', t') = \frac{t'^{n'}}{(n'-1)!} \lambda^{n'-1} e^{-\lambda t'} \tag{7.6}$$

$$\therefore f(\lambda \mid \underline{x}) \propto \frac{t'^{n'}}{(n'-1)!} \lambda^{n'-1} e^{-\lambda t} \cdot \lambda^n e^{-\lambda t}$$

$$\therefore f(\lambda \mid \underline{x}) \propto \lambda^{n'+n-1} e^{\lambda(t'+t)}$$

Logo, para que $f(\lambda \mid \underline{x})$ represente uma distribuição de probabilidades, devemos ter:

$$f(\lambda \mid \underline{x}) = \frac{t''^{n''}}{(n''-1)!} \lambda^{n''-1} e^{-\lambda t''}, \qquad t'' > 0, \tag{7.7}$$

onde $n'' = n' + n$ e $t'' = t'' = t' + t$. Vemos, pois, que a família de distribuições gama é conjugada em relação à amostragem exponencial em um processo de Poisson.

b) **Amostragem Poisson**

Neste tipo de amostragem, fixamos o tempo total de observação t e contamos o número de sucessos ocorridos, n. Evidentemente, n terá distribuição de Poisson dada por:

$$P(t, n \mid \lambda) = P(n \mid \lambda, t) = \frac{(\lambda t)^n e^{-\lambda t}}{n!}, \qquad n = 0, 1, 2, \ldots \tag{7.8}$$

$$\therefore P(t, n \mid \lambda) \propto \lambda^n e^{-\lambda t}$$

Como o núcleo é o mesmo que no caso anterior, segue-se que a família de distribuições conjugadas contínua sendo a das distribuições gama, conforme vimos no primeiro caso.

Como ilustração de um processo sequencial de Inferência Bayesiana em um processo de Poisson com amostragem Poisson, mostramos na Figura 7.4 o aspecto de algumas distribuições posteriores resultantes. A distribuição prévia é suposta exponencial com parâmetro $\lambda = 0,5$. A Tabela 7.4 complementa as informações sobre as distribuições obtidas.

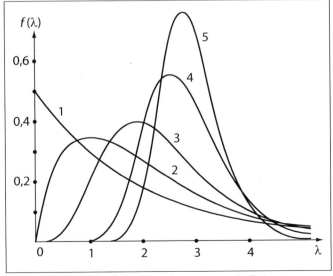

Figura 7.4 – Inferência do processo de Poisson

ANÁLISE ESTATÍSTICA DA DECISÃO

Tabela 7.4 – Parâmetros das distribuições e eventos

Distribuição	nº	t'	n'	Evento
Prévia	1	0,5	1,0	
1ª posterior	2	0,9	2,0	Após $t = 0,4$; $n = 1$
2ª posterior	3	2,0	5,0	Após $t = 1,1$; $n = 3$
3ª posterior	4	5,2	15,0	Após $t = 3,2$; $n = 10$
4ª posterior	5	10,0	30,0	Após $t = 4,8$; $n = 15$

7.4 O PROCESSO NORMAL

Seja uma população de valores distribuídos normalmente, ou seja, tais que

$$f(x_i) = f_N(x_i \mid \mu, \sigma) = \frac{1}{\sigma\sqrt{2\pi}} \exp\left[-\frac{1}{2}\left(\frac{x_i - \mu}{\sigma}\right)^2\right]. \tag{7.9}$$

Chamemos o inverso da variância de precisão e designêmo-la por **h**, isto é, $h = \dfrac{1}{\sigma^2}$. Logo:

$$f(x_i) = f_N(x_i \mid \mu, h) = \sqrt{\frac{h}{2\pi}} \exp\left[-\frac{h}{2}(x_i - \mu)^2\right] \tag{7.10}$$

O modelo de amostragem adequado à investigação de um processo normal, que chamaremos, para simplificar, de amostragem normal, consiste em verificar os valores dos elementos da amostra disponível:

$$Y = \underline{x} = (x_1, x_2, ..., x_n)$$

$$\therefore f(\underline{x} \mid \mu, h) = \prod_{i=1}^{n} f_N(x_i \mid \mu, h) \propto h^{n/2} \exp\left[-\frac{h}{2}\sum_{i=1}^{n}(x_i - \mu)^2\right] \tag{7.11}$$

Examinemos os casos possíveis:

a) **Média desconhecida, variância conhecida**

Sabe-se que a média da amostra

$$\bar{x} = \sum_{i=1}^{n} \frac{x_i}{n}$$

Distribuições conjugadas

é o estimador de máxima verossimilhança da média desconhecida μ. Por outro lado, $h(\bar{x}) = nh$, logo:

$$f(\bar{x}, n \mid \mu, h) = f(\bar{x} \mid n, \mu, h) =$$

$$= \sqrt{\frac{nh}{2\pi}} \exp\left[-\frac{nh}{2}(\bar{x}-\mu)^2\right] \propto \exp\left[-\frac{nh}{2}(\bar{x}-\mu)^2\right]$$

A importante relação

$$\sum_i (x_i - \mu)^2 = \sum_i (x_i - \bar{x})^2 + \sum_i (\bar{x} - \mu)^2 \tag{7.12}$$

permite escrever a expressão (7.11) na forma

$$f(\underline{x} \mid \mu, h) \propto \exp\left[-\frac{h}{2}\sum_i (x_i - \bar{x})^2\right] \exp\left[-\frac{h}{2}\sum_i (\bar{x}-\mu)^2\right]$$

$$\therefore f(\underline{x} \mid \mu, h) \propto \exp\left[-\frac{h}{2}\sum_i (\bar{x}-\mu)^2\right]$$

$$\therefore f(\underline{x} \mid \mu, h) \propto \exp\left[-\frac{nh}{2}(\bar{x}-\mu)^2\right] \tag{7.13}$$

Logo, como $f(\bar{x}, n \mid \mu, h)$ e $f(\underline{x} \mid \mu, h)$ têm a mesma dependência em μ, segue-se que $(\bar{x}, n)$ é um conjunto de estatísticas suficientes.

A família de distribuições conjugadas será tal que

$$f(\mu \mid \underline{x}) \propto f(\mu) \exp\left[-\frac{nh}{2}(\bar{x}-\mu)^2\right]$$

Isso se consegue admitindo para a distribuição prévia uma distribuição também normal, ou seja:

$$f(\mu) = f_N(\mu \mid m', n'h)[4] =$$

$$= \sqrt{\frac{hn'}{2\pi}} \exp\left[-\frac{hn'}{2}(\mu - m')^2\right] \propto \exp\left[-\frac{hn'}{2}(\mu - m')^2\right]$$

$$\therefore f(\mu \mid \underline{x}) \propto \exp\left[-\frac{hn'}{2}(\mu - m')^2\right] \exp\left[-\frac{nh}{2}(\bar{x}-\mu)^2\right]$$

---

4 Por conveniência, exprimimos a precisão da distribuição prévia em função da precisão h da população.

ANÁLISE ESTATÍSTICA DA DECISÃO

$$\therefore f(\mu \mid \underline{x}) \propto \exp\left[-\frac{h(n'+n)}{2}\left(\mu - \frac{n'm'+n'\overline{x}}{n+n'}\right)^2\right]$$

$$\therefore f(\mu \mid \underline{x}) \propto \exp\left[-\frac{hn''}{2}(\mu - m'')^2\right] \tag{7.14}$$

onde $n'' = n' + n$ e $m'' = \dfrac{n'm' + n\overline{x}}{n' + n}$. Vemos, portanto, que a distribuição posterior será também normal com parâmetros m'' e $n''h$. Logo, a família de distribuições normais é conjugada em relação ao modelo de amostragem normal de um processo normal de variância conhecida.

b) **Média conhecida, variância desconhecida**

Neste caso, o estimador da máxima verossimilhança da variância populacional é a variância amostral definida por:

$$w = \frac{1}{n}\sum_{i=1}^{n}(x_i - \mu)^2 {}^{5} \tag{7.15}$$

Da expressão (7.11) vemos que a dependência em h da função de verossimilhança de $\underline{x}$ é tal que

$$f(\underline{x} \mid \mu, h) \propto h^{n/2} \exp\left[-\frac{nhw}{2}\right], \tag{7.16}$$

donde também se conclui que (w, n) é um conjunto de estatísticas suficientes. A família de distribuições conjugadas será tal que

$$f(h \mid \underline{x}) \propto f(h) \cdot h^{n/2} \exp\left[-\frac{nhw}{2}\right]$$

Vamos admitir para a distribuição prévia uma distribuição gama de parâmetros $\dfrac{n'}{2}$ e $\dfrac{n'w'}{2}$, ou seja:

$$f(h) = f_\Gamma\left(h \mid \frac{n'}{2}, \frac{n'w'}{2}\right) = \frac{\left(\dfrac{n'w'}{2}\right)^{n'/2}}{\Gamma\left(\dfrac{n'}{2}\right)} h^{\frac{n'}{2}-1} \exp\left[-\frac{n'w'}{2}h\right]{}^{6}$$

---

5 Usar-se-ia $n-1$ no denominador se a média μ fosse estimada por $\overline{x}$.
6 A definição de $\Gamma(x)$ pode ser vista na nota de rodapé referente à expressão (7.2).

$$\therefore f(h) \propto h^{\frac{n'}{2}-1} \exp\left[-\frac{n'hw'}{2}\right]$$

$$\therefore f(h\mid \underline{x}) \propto h^{\frac{n'}{2}-1} \exp\left[-\frac{n'hw'}{2}\right] \cdot h^{n/2} \exp\left[-\frac{nhw}{2}\right]$$

$$\therefore f(h\mid \underline{x}) \propto h^{\frac{n'+n}{2}-1} \exp\left[-\frac{(n'w'+nw)h}{2}\right]$$

$$\therefore f(h/\underline{x}) \propto h^{\frac{n''}{2}-1} \exp\left[-\frac{n''w''h}{2}\right], \tag{7.17}$$

onde $n'' = n' + n$ e $n''w'' = n'w' + nw$ ou, equivalentemente, $w'' = \dfrac{n'w' + nw}{n' + n}$.

Logo, a distribuição posterior é também gama, com parâmetros $\dfrac{n''}{2}$ e $\dfrac{n''w''}{2}$.

Portanto, a família de distribuições gama é conjugada com respeito ao modelo de amostragem normal de um processo normal de média conhecida.

c) **Média e variância desconhecidas**

Neste caso, o estimador de máxima verossimilhança da variância populacional seria $\dfrac{1}{n}\sum_i (x_i - \bar{x})^2$, que não é justo[7]. Por essa razão, deve-se estimar σ^2 por

$$v = \frac{1}{n-1}\sum_{i=1}^{n}(x_i - \bar{x})^2. \tag{7.18}$$

Pode-se mostrar que $(\bar{x}, v, n)$ é um conjunto de estatísticas suficientes e que, além disso: $\bar{x}$ e v são independentes.

A associação das expressões (7.11) e (7.12) nos leva a que

$$f(\underline{x}\mid \mu, h) \propto h^{n/2} \exp\left[-\frac{h}{2}\sum_{i=1}^{n}\left((x_i - \bar{x})^2 + (\bar{x} - \mu)^2\right)\right]$$

$$\therefore f(\underline{x}\mid \mu, h) \propto h^{n/2} \exp\left[-\frac{h}{2}(n-1)v - \frac{nh}{2}(\bar{x} - \mu)^2\right] \tag{7.19}$$

---

[7] Estimador justo é aquele cuja expectância coincide com o parâmetro a estimar: $E[\hat{\rho}] = \rho$.

ANÁLISE ESTATÍSTICA DA DECISÃO

As distribuições conjugadas serão tais que

$$f(\mu, h \mid \underline{x}) \propto f(\mu, h) \cdot f(\underline{x} \mid \mu, h)$$

$$\therefore f(\mu, h \mid \underline{x}) = f(h \mid \underline{x}) \cdot f(\mu \mid h, x) \propto$$

$$\propto f(h) f(\mu \mid h) h^{n/2} \exp\left[-\frac{h}{2}(n-1)v - \frac{nh}{2}(\bar{x} - \mu)^2\right] \quad (7.20)$$

O leitor poderá verificar que, adotando-se para as distribuições prévias

$$f(h) = f_\Gamma\left(h \left|\frac{\nu}{2}, \frac{\nu' v^2}{2}\right.\right)$$

$$f(\mu \mid h) = f_N(\mu \mid m', n'h),$$

as distribuições posteriores serão

$$f(h \mid \underline{x}) = f_\Gamma\left(h \left|\frac{\nu''}{2}, \frac{\nu'' v''}{2}\right.\right)$$

$$f(\mu \mid h, \underline{x}) = f_N(\mu \mid m'', n''h)$$

onde

$$n'' = n' + n$$

$$m'' = \frac{n'm' + n\bar{x}}{n' + n}$$

$$v'' = \frac{\nu' v' + n'm'^2 + (n-1)v + n\bar{x}^2 - n''m''^2}{\nu' + n} \quad (7.21)$$

$$\nu'' = \nu' + n$$

$$n' > 0, \nu' > 0$$

Exemplo: Consideremos um processo normal de média μ e precisão h desconhecidas, para as quais tenhamos atribuído uma disstribuição conjunta prévia com $n' = 6$; $m' = 1,5$; $\nu' = 8$ e $v' = 0,5$, representada em perspectiva na Figura 7.5. Efetuada uma amostragem de $n = 6$ provas, obtivemos $\bar{x} = 1,7$ e $v = 1,4$. Resulta, pelas fórmulas (7.21), uma distribuição posterior com $n'' = 12$; $m'' = 1,6$; $\nu'' = 14$ e $v'' = 0,794$, mostrada na Figura 7.6.[8]

---

[8] Estas figuras são publicadas por cortesia da Hidroservice Engenahria de Projetos Ltda.

Distribuições conjugadas

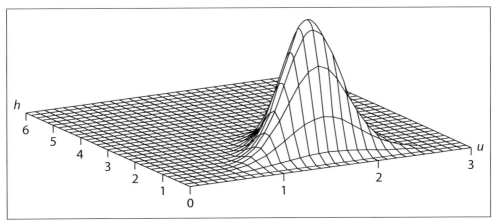

Figura 7.5

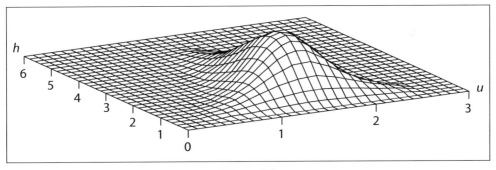

Figura 7.6

7.5 TAMANHO DA AMOSTRA

Exemplificaremos agora a questão da escolha do tamanho ótimo da amostra na Inferência Bayesiana pelo exemplo a seguir.

Exemplo: Uma variável aleatória X tem distribuição normal com variância $\sigma^2 = \dfrac{1}{h}$ conhecida e média μ desconhecida. A distribuição prévia de μ é normal com parâmetros m' e n': $f_N(\mu \mid m', n'h)$.

Podemos obter um número qualquer n de provas ao custo de

$$k \sum_{i=1}^{n} x_i$$

onde x_i é o valor resultante da i-ésima prova.

Deseja-se uma estimativa g de μ que minimize a função de perda

$$l(g, \mu) = c(g - \mu)^2$$

Que número de provas n^* minimiza a perda total esperada?

Solução: Vimos no item 7.4.a que a família de distribuições conjugadas em um processo normal de variância conhecida é a família de distribuições normais. Logo, a distribuição posterior à evidência amostral $\underline{x} = (x_1, x_2, \ldots x_n)$ será:

$$f(\mu \mid \underline{x}) = f_N(\mu \mid m'', n''h),$$

onde $n'' = n' + n$, $m'' = \dfrac{n'm' + n\bar{x}}{n' + n}$, $\bar{x} = \dfrac{\Sigma x_i}{n}$.

A expectância posterior da perda $l(g, \mu)$ é dada em função de g por

$$E(l \mid g, \underline{x}) = \int_{-\infty}^{+\infty} c(g - \mu)^2 \cdot f(\mu \mid \underline{x}) d\mu.$$

Sendo quadrática a função de perda, a perda esperada mínima posterior é obtida para $g = m''$ e é proporcional à variância da distribuição posterior, ou seja,

$$E(l \mid \underline{x}) = \dfrac{c}{n''h}.$$

Logo, levando-se em conta o custo da experimentação, a expectância posterior da perda total l_t é

$$E(l_t \mid \underline{x}) = \dfrac{c}{n''h} + k \sum_{i=1}^{n} x_i.$$

Vamos, a seguir, calcular a expectância pré-posterior da perda total, isto é, a expectância prévia da expectância posterior da perda total. Isso será feito em função de n, devendo-se notar que, ao escolher n, não conhecemos os resultados $\underline{x}$ do experimento.

$$E[E(l_t \mid \underline{x}) \mid n] = E\left[\dfrac{c}{n''h} + k \sum_{i=1}^{n} x_i\right] = \dfrac{c}{(n' + n)h} + knm'$$

Minimizando esta expectância em relação a n, temos

$$\dfrac{d}{dn} E[E(l_t \mid \underline{x}) \mid n] = -\dfrac{c}{(n' + n)^2 h} + km'$$

$$\therefore -\dfrac{c}{(n' + n^*)h} + km' = 0$$

$$\therefore n^* \cong \sqrt{\dfrac{c}{km'h}} - n'$$

Como n^* deve ser inteiro, devemos calcular $E[E(l_t \mid \underline{x}) \mid n]$ para os dois valores inteiros de n mais próximos do valor obtido em (7.22). Isto é suficiente, pois a perda esperada é dada por uma função convexa.

7.6 EXERCÍCIOS PROPOSTOS

1. Mostrar que os estimadores $\bar{x}$ e w definidos nos itens a e b do item 7.4 são de fato os estimadores de máxima verossimilhança. Mostrar também que o estimador de máxima verossimilhança, no caso do item c, não é justo.

2. Num processo de Bernoulli, considerar o modelo de amostragem de Pascal, que consiste em se observar a evidência $\underline{x} = (x_1, x_2, \ldots x_n)$ até a ocorrência do r-ésimo sucesso. Pergunta-se:
   a) Qual o estimador de máxima verossimilhança da probabilidade de sucesso em cada prova p?
   b) Qual o conjunto de estatísticas suficientes?
   c) Qual a família de distribuições conjugadas?

3. Considerar uma distribuição uniforme
$$f_u(x|0,\alpha) = \begin{cases} 1/\alpha & \text{para } 0 \leq x \leq \alpha \\ 0 & \text{para } x < 0 \text{ e } x > \alpha \end{cases}$$

   e a evidência amostral $\underline{x} = (x_1, x_2, \ldots, x_n)$.

   Pergunta-se:
   a) Qual o estimador de máxima verossimilhança do valor máximo α? Este estimador é justo?
   b) Qual o estimador mais adequado para α?
   c) Qual a família de distribuições conjugadas?

4. Adotou-se uma distribuição prévia gama para o parâmetro λ de um processo de Poisson. A seguir, o processo foi observado durante um intervalo de tempo t, constatando-se n ocorrências.
   a) Que estimativa g^* de λ minimiza a perda esperada posterior, se a função de perda vale
   $$l(g, \lambda) = (g - \lambda)^2 + (g - \lambda) + t?$$
   b) Qual a expectância prévia da perda, se os parâmetros n' e t' da distribuição prévia valem, respectivamente, 6 e 16?

5. Considerar o processo probabilístico
$$f(x) = \begin{cases} \lambda e^{-\lambda(x-a)} & \text{para } x \geq \alpha \\ 0 & \text{para } x < \alpha \end{cases}$$

   onde os parâmetros λ e α são desconhecidos. Coletou-se uma amostra de n elementos, $\underline{x} = (x_1, x_2, \ldots, x_n)$. Pede-se:
   a) Quais as estatísticas suficientes?
   b) Quais os estimadores de máxima verossimilhança?
   c) Qual a família de distribuições conjugadas do processo?

ANÁLISE ESTATÍSTICA DA DECISÃO

6. Seja o modelo de regressão linear simples, sem termo independente

$$y = \beta x + \xi\sigma = \beta x + \frac{\xi}{\sqrt{h}}.$$

Coletou-se uma amostra de pares (x, y), obtendo a tabela

i	x_i	y_i
1	x_1	y_1
2	x_2	y_2
$\vdots$	$\vdots$	$\vdots$
n	x_n	y_n

A densidade conjunta das variáveis aleatorias y_i é dada por

$$f(y_1, y_2, ..., y_n | x_1, x_2, ..., x_n, \beta, h) = f(\underline{y} | \underline{x}, \beta, h) =$$

$$= \left(\frac{h}{2\pi}\right)^{n/2} \exp\left[-\frac{h}{2}\sum_{i=1}^{n}(y_i - \beta x_i)^2\right] =$$

$$= \left(\frac{h}{2\pi}\right)^{n/2} \exp\left[-\frac{h}{2}\left(\sum_{i=1}^{n} y_i^2 - 2\beta \sum_{i=1}^{n} x_i y_i + \beta^2 \sum_{i=1}^{n} x_i^2\right)\right]$$

Quais as estatísticas suficientes:
a) Se h é conhecido e β desconhecido?
b) Se h e β são desconhecidos?

Mostrar que, para o primeiro caso,

$$f_N(\beta | b', hn') \propto \exp\left[-\frac{1}{2}hn'(\beta - b')^2\right]$$

é a família de distribuições conjugadas com

$$n'' = n' + n \quad \text{e} \quad b'' = \frac{1}{n''}\left(n'b' + n\frac{\Sigma x_i y_i}{\Sigma x_i^2}\right).$$

7. A Figura 7.7 apresentada a seguir representa uma distribuição bidimensional gama normal (independentes) com $n''' = 21$, $m''' = 1{,}7$, $v''' = 23$ e $v''' = 0{,}7$. Considere o exemplo referente às Figuras 7.5 e 7.6 do texto. Qual o tamanho

da amostra e sua média e variância que levariam à obtenção desta distribuição posterior tomando-se como distribuição prévia a distribuição referente:

a) À Figura 7.5

b) À Figura 7.6

Compare e interprete os resultados acima obtidos.

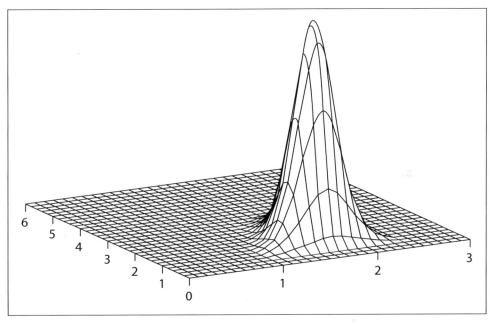

Figura 7.7

8. O parâmetro de intensidade de um Processo de Poisson, λ, é desconhecido e foi atribuída uma distribuição *a priori* gama a seu respeito, de forma que

$$f(\lambda) = f_\Gamma(\lambda \mid n', t') = \frac{\lambda^{n'-1} t^{n'}}{(n'-1)!} e^{-t'\lambda}.$$

É possível observar o processo durante um intervalo de tempo fixo, t, e contar o número de ocorrências, n, mas isso custa kt.

A seguir devemos estimar λ por meio de um estimador g, incidindo em um custo de erro igual a $c(g - \lambda)^2$.

Pergunta-se:

a) Quais as distribuições de λ e de n, na árvore de decisão?

b) Qual o estimador ótimo g^* de λ, e qual a perda esperada mínima *a posteriori*?

c) Qual a perda esperada $E(l \mid t)$?

d) Qual o período ótimo de observação e a perda total mínima *a priori*?

e) Em que condições a decisão ótima consistirá em abrir mão da observação do processo?

Apêndice

INTRODUÇÃO À TEORIA DOS JOGOS

A.1 APRESENTAÇÃO

Embora nas primeiras décadas do século passado alguns cientistas e matemáticos, dentre os quais destacaram-se Zermelo e Borel, tenham apresentado contribuições que se encaixariam na moderna Teoria dos Jogos, a obra considerada clássica neste campo é devida a John von Neumann e Oskar Morgenstern, *Theory of Games and Economic Behavior*, com a primeira edição surgida em 1944, cujo próprio título sugere a importância da Teoria dos Jogos em problemas econômicos. Von Neumann já publicara trabalhos anteriores sobre o assunto, mas a obra citada é considerada ainda, até nossos dias, como o principal guia dentro deste ramo da Pesquisa Operacional.

Outros nomes se destacaram, posteriormente, no desenvolvimento da Teoria dos Jogos, dentre os quais merece menção o de John Nash Jr., matemático norte-americano tornado conhecido pelo filme "Uma mente brilhante", que introduziu o conceito de conjuntos de equilíbrio em que soluções satisfatórias poderiam ser buscadas para as partes em conflito. Cite-se também a contribuição do economista húngaro John Harsanyi, que associou a lógica da Inferência Bayesiana a problemas envolvendo jogos com informação incompleta em que uma das partes detém informação privilegiada. Os dois estudiosos citados, juntamente com Reinhard Selten, receberam como reconhecimento por suas contribuições o Prêmio Nobel de Economia de 1994.

Assim como diversos outros ramos da ciência, parece fora de dúvida que o estudo da Teoria dos Jogos teve grande impulso com o advento da Segunda Guerra Mundial e, posteriormente, da guerra fria, nas quais questões de estratégia estavam sempre na ordem do dia. É lamentável que situações de guerra precisem muitas vezes existir para servir de catalisador ao processo de desenvolvimento de tantas pesquisas interessantes.

Apêndice

A Teoria dos Jogos tem aspectos comuns com a Análise Estatística da Decisão, mas difere num ponto fundamental. Na Análise Estatística da Decisão, objeto principal deste livro, o decisor[1] deve fazer sua(s) escolha(s) em face de uma natureza incerta, mas não atuante no sentido de se opor a ele, enquanto que a Teoria dos Jogos se preocupa com situações de conflito, em que a decisão do participante é tomada buscando otimizar o seu resultado ao mesmo tempo em que outro(s) participante(s) também está(ão) tomando decisões com o mesmo objetivo. São, pois, situações mais complexas, o que certamente justifica o fato de ter a Teoria dos Jogos se desenvolvido mais tarde que a Análise Estatística da Decisão e, de certa forma, trilhando um caminho mais árduo.

Neste Apêndice, é nossa intenção abordar apenas os conceitos básicos da Teoria dos Jogos, sem a pretensão de avançar em maior profundidade, para o que uma bibliografia específica deverá ser consultada.

A.2 CONCEITOS FUNDAMENTAIS

A.2.1 *As ideias de jogo e estratégia*

A noção corrente de um jogo engloba apenas uma parcela do significado atribuído a esta palavra à luz da teoria. De uma forma bem mais ampla, a Teoria dos Jogos procura se ocupar de todas as situações onde haja conflito de interesses entre duas ou mais pessoas ou entidades.

Em geral, situações bastante complexas, envolvendo diversas variáveis, podem ser representadas por modelos simplificados que possibilitem a solução pelos métodos ao alcance da teoria. Isto não significa que o propósito da Teoria dos Jogos deixe de ser a análise dos mais variados problemas no gênero. Conforme já frisado, o próprio título dado por von Neumann a sua clássica obra relaciona, bem claramente, a Teoria dos Jogos a objetivos ligados a problemas reais.

Os modelos adotados para simular as condições de um problema real devem ser bem definidos, da mesma forma que um jogo de salão tem suas regras claramente estabelecidas. Um jogo será, portanto, um modelo matemático (ou um conjunto de regras) envolvendo, no caso geral, n jogadores com interesses normalmente conflitantes. Supõe-se que cada jogador atua inteligentemente no sentido de obter o máximo proveito global. Para tanto, em cada uma das situações em que as regras do jogo determinam uma intervenção sua, cada jogador procurará, dentre o conjunto de ações à sua disposição, optar por aquela que tenda a maximizar o seu proveito global.

---

[1] O termo "decisor" não consta dos dicionários, mas é utilizado neste livro, como também no "Qualidade e Competência nas Decisões", coordenado pelo autor deste Apêndice.

Uma sequência de ações a serem praticadas conforme as vicissitudes do jogo é dita uma estratégia. O problema de solucionar um jogo do ponto de vista de um dado jogador consiste em determinar qual a sua estratégia ótima, isto é, aquela que tenda a maximizar o seu proveito médio global. A determinação das melhores estratégias para cada participante está, pois, na essência do processo de resolução de uma situação de conflito pela Teoria dos Jogos.

A.2.2 *Tipos de estratégias*

O conceito de estratégia do ponto de vista da Análise Estatística da Decisão foi abordado no item 3.7 deste livro, onde se apresentaram as estratégias puras e mistas. Esses conceitos seguem com a mesma conotação no caso da Teoria dos Jogos. Não devem ser confundidos com um conceito mais amplo e gerencial de estratégia utilizado na Teoria da Administração, onde a estratégia está ligada às grandes decisões que norteiam a atuação das organizações, em geral sem haver uma modelagem matemática para tanto, embora uma certa relação possa existir entre as duas considerações.

Voltando à questão que nos interessa, seja um jogo em que o jogador A dispõe de duas ações possíveis a_1 e a_2. Suponhamos que este jogo será repetido indefinidamente. Uma estratégia pura do jogador A consiste em adotar sempre a ação a_1. A outra estratégia pura à disposição do jogador A, obviamente, consistiria em adotar sempre a ação a_2. Por outro lado, se o jogador A associasse uma distribuição de probabilidades às ações a_1 e a_2, estaria adotando uma estratégia mista. Por exemplo, se decidisse adotar a_1 1/3 das vezes e a_2 2/3 das vezes, aleatoriamente.

O conceito de estratégia mista, entretanto, não necessita supor que a situação de jogo seja repetida diversas vezes, podendo ser considerado mesmo que o jogo vá ser realizado uma única vez.

Um bom exemplo da necessidade de, em certas situações, se adotarem estratégias mistas, é encontrado no conhecido jogo de pôquer. Nesse jogo existe a figura do blefe (do inglês *bluff*), em que um jogador pode ganhar a parada fazendo uma aposta sem ter cartas suficientes, mas assustando os adversários, que pensam estar ele forte, não pagam a aposta e o blefador ganha, tendo sempre corrido o risco de encontrar quem pagasse a sua aposta, caso em que o blefe fracassaria.

É boa estratégia blefar? Há jogadores cautelosos que nunca blefam, só apostam quando têm jogo forte, como há os que blefam muito. Ora, nenhuma dessas atitudes extremas é, na prática, a melhor, pois, com o tempo, os adversários passam a conhecer o comportamento do jogador e sabem exatamente o que fazer quando ele aposta. Isto representaria uma informação adicional para os adversários, que poderiam utilizá-la vantajosamente. O ideal é blefar às vezes, com uma certa probabilidade que caracterizaria uma estratégia mista, mesmo correndo o risco de perder algumas paradas, mas para deixar os adversários sempre incertos quanto a se estar ou não apostando com mão forte.

Apêndice

   Estabeleçamos, então, claramente, o que entendemos por estratégias pura e mista. Uma estratégia pura é um conjunto de ações a serem praticadas durante o desenvolvimento de um jogo, previstas todas as situações possíveis de ocorrer. Para um dado jogo é teoricamente possível determinar o conjunto de todas as estratégias puras disponíveis. Nessas condições, definimos uma estratégia mista como uma estratégia que consiste em escolher probabilisticamente, dentre as estratégias puras existentes, qual será adotada. Ou seja, em cada realização do jogo, uma estratégia pura será sorteada de acordo com uma certa distribuição de probabilidades, isto valendo para diversas ou para apenas uma realização do jogo.

   Se determinarmos todas as estratégias puras possíveis para cada um dos jogadores, teremos o jogo perfeitamente caracterizado em sua "forma normal". Muitas vezes, entretanto, a determinação da forma normal de um jogo esbarra na multiplicidade de situações possíveis de ocorrer em seu desenvolvimento.

   Consideremos agora um macro jogo constituído de diversas etapas. Podemos imaginar o conjunto de todas as estratégias puras deste jogo; este conjunto poderá ser vasto mas, ao menos teoricamente, sempre poderá ser obtido. Podemos, então, considerar diversas estratégias mistas associando diferentes distribuições de probabilidades às estratégias puras existentes, conforme vimos. Em essência, portanto, a ideia de estratégia mista está associada a um processo intencionalmente aleatório de escolha das ações a adotar.

   Em um macrojogo de diversas etapas, podemos introduzir o elemento aleatório de outra forma, ao invés de associar uma distribuição de probabilidades, sobre todas as possíveis estratégias puras. Isto seria feito determinando, para cada configuração do jogo possível de ocorrer, que ações adotar e com que probabilidades. Isto equivaleria a subdividir o macrojogo em vários jogos elementares correspondentes a cada uma das contingências possíveis. Cada uma delas seria analisada separadamente e um procedimento estratégico próprio, estabelecido. Teríamos, então, uma estratégia resumida do tipo: em tal caso, adotar tal procedimento, etc. Uma estratégia desse tipo é dita estratégia comportamental. Sua consideração é extremamente útil ao estudo dos jogos que se desenvolvem em diversas etapas, ditos "jogos de múltiplos estágios".

   A vantagem de se considerar estratégias comportamentais ao invés de estratégias mistas reside na simplicidade de apresentação da solução. Evidentemente, é muito mais fácil, no caso de um macrojogo com diversas etapas, obter uma regra simples de ação para cada possível situação, do que caracterizar as inúmeras estratégias puras de tal jogo para, em seguida, sortear uma dentre elas, pois seu número cresce geometricamente com o número de etapas.

A.2.3 *Questões de tática*

   Em seu livro *Estrategia y Tactica en Ajedrez*, o ex-campeão mundial Max Euwe distingue, de forma clara, estes diferentes conceitos. Diz o grande mestre do xadrez:

"À estratégia concerne a fixação de uma meta e a formação dos planos para alcançá-la. À tática compete a execução destes planos. A estratégia é abstrata; a tática, concreta. Dito em forma sucinta: a estratégia requer pensar; a tática, observar".

O jogo de xadrez, como será visto em $A.4$, é um jogo com informação perfeita e, como tal, não deveria estar sujeito a considerações estratégicas: haveria apenas jogadas boas ou más. Como, porém, é imensa a variedade de situações possíveis, na prática a ideia de estratégia ressurge e, dentro de cada estratégia, diversos temas táticos podem emergir.

A estratégia resulta da teoria, prescreve regras gerais ou linhas de conduta em função das características básicas de uma situação. A tática é a maneira pela qual, captando detalhes adicionais de cada situação, o jogador executa os planos visando o melhor resultado possível. Em muitos casos, os planos táticos podem contrariar, de fato ou aparentemente, as prescrições estratégicas.

Assim, imaginemos um jogo para o qual a teoria prescreva uma estratégia mista pela qual duas ações alternativas devam ser adotadas com probabilidade ½. Esta é a estratégia. Qual a tática? A mais impessoal consistiria em usar um dispositivo aleatório, por exemplo, jogar uma moeda. Será, porém, a mais interessante? Aqui podem entrar a argúcia e o "sexto sentido" do jogador, sugerindo-lhe outros modos de execução da estratégia, ou mesmo certos desvios em relação a esta. Seriam as diferentes táticas.

Semelhantemente, no caso do jogo de pôquer discutido em A.2.2, considerações táticas são, em geral, levadas em conta pelo jogador arguto para escolher os momentos adequados à prática do blefe.

A teoria clássica dos jogos tem-se ocupado quase exclusivamente dos problemas de estratégia, por serem objetivos, impessoais. A dificuldade em tratar os problemas táticos reside na sua multiplicidade e subjetividade. Terá sua teorização desenvolvimento, em futuro próximo? Não sabemos responder; apenas sentimos a importância, em muitos casos, de saber empregar uma boa tática.

A.2.4 *O conceito de utilidade*

Os resultados objetivamente conseguidos por cada jogador ao final de um jogo podem ter sua interpretação consideravelmente mudada se se verificarem as motivações subjetivas de cada um. Em outras palavras, razões individuais podem fazer com que resultados idênticos possam ser de diferente utilidade para dois jogadores distintos. Simples e ilustrativo exemplo é o do adulto que perde propositalmente uma partida para alegrar uma criança.

Este fato pode levar à necessidade de se estabelecer, para cada jogador, uma função de utilidade definida sobre o conjunto dos resultados objetivamente possíveis de acordo com as regras do jogo, conforme tratado no Capítulo 4 deste livro.

Conhecida a função de utilidade de cada jogador, torna-se em princípio possível reformular o jogo, passando os valores da utilidade a ser os índices que nortearão o comportamento dos jogadores. É claro que, nesta passagem, complexidades advirão se cada jogador desconhecer a função de utilidade dos demais.

A.3 TIPOS DE JOGOS

Uma primeira classificação separa os jogos estritamente aleatórios, ou "jogos de azar", dos jogos de estratégia, nos quais os jogadores podem, pelo menos até certo ponto, exercer opções que tenham influência sobre o desenvolvimento do jogo. Evidentemente, a Teoria dos Jogos só se interessa pelos jogos de estratégia, deixando o primeiro tipo a cargo do Cálculo de Probabilidades.

Outra classificação, aparentemente supérflua, separa conforme o número de jogadores: 2 ou mais que 2. No entanto, apesar de poder não parecer, esta diferenciação é útil por várias razões. Dentre elas, alguns importantes resultados teóricos derivados para jogos a duas pessoas, a possibilidade de reduzir jogos cooperativos a n pessoas ao caso de 2 jogadores, razões históricas e, ademais, o fato de que resultados úteis e convincentes têm sido, em geral, obtidos para jogos com apenas 2 participantes.

Podemos também classificar os jogos em "com informação completa" e "com informação incompleta". Um jogo será com informação completa se todos os jogadores tiverem total conhecimento a respeito das regras do jogo e dos prêmios a serem atribuídos. Enquadram-se aqui grande número de jogos de salão, como pôquer, bilhar, etc. Os jogos com informação incompleta ficam definidos por exclusão. As situações reais encaradas à luz da Teoria dos Jogos correspondem, em geral, a jogos com informação incompleta.

Se, no decorrer de um jogo com informação completa, cada jogador, ao escolher a ação que praticará, tiver total conhecimento das ações praticadas pelos demais jogadores e também, se aplicável, pelo acaso, o jogo será "com informação perfeita". Enquadram-se aqui os jogos estritamente de habilidade, dos quais talvez o xadrez seja o melhor exemplo. De fato, em um jogo de xadrez, o jogador, quando efetua um lance, tem todas as informações necessárias e suficientes para fazê-lo. A dificuldade não está no desconhecimento de algum aspecto da posição da partida, mas na multiplicidade de possibilidades existentes. Apenas por esta razão, como pode ocorrer em outras situações de jogos com informação perfeita, o resultado de uma partida de xadrez não pode ser antecipadamente conhecido.

Os jogos poderão também ser "com lembrança perfeita ou imperfeita". Nos primeiros, em qualquer ponto de seu decorrer, todo o histórico do jogo é de conhecimento dos jogadores, podendo ser útil nas considerações a fazer. Em jogos com lembrança perfeita, uma estratégia mista pode ser substituída pela equivalente estratégia comportamental, conforme visto em A.2.2, o que resulta em interessante simplificação. Os jogos com lembrança imperfeita são, em geral, os jogos de equipe, como bridge, buraco (de parceria), etc., em que, alternativamente, a ação é realizada por um e outro jogador da equipe.

Uma última e importante classificação que apresentamos divide os jogos em de soma constante ou de soma variável. Um jogo é de soma constante se o total recebido pelos jogadores for sempre o mesmo, independentemente das estratégias adotadas. (Para maior clareza, o total recebido por cada jogador pode ser imaginado em dinheiro). Caso contrário, o jogo será de soma variável.

Um caso particular dos jogos de soma constante é o caso de soma zero. Torna-se, então, claro que o que uns jogadores ganham, outros perdem. No entanto, um jogo de soma constante distinta de zero pode ser imediatamente reduzido a um jogo de soma zero equivalente pela simples subtração da constante igual ao total recebido pelos jogadores. O jogo não se altera em sua essência com essa transformação, pois, a menos daquela constante, no jogo original também o que uns ganham outros devem perder.

Normalmente, um jogo de soma constante a duas pessoas é estritamente competitivo. Em tal condição, esquemas de cooperação entre os jogadores não podem surgir. Nos casos, porém, de jogos a mais de duas pessoas e/ou soma variável, esquemas de cooperação poderão eventualmente ocorrer, especialmente se o jogo for realizado repetitivamente. Este fato é, sem dúvida, responsável por uma maior complexidade no tratamento de tais casos.

A.4 REPRESENTAÇÃO DOS JOGOS

A.4.1 *Representação por grafos*

Teoricamente, podemos representar qualquer jogo por um grafo em forma de árvore, no qual os arcos correspondem às diversas ações possíveis de cada jogador em cada situação e os nós indicam as diversas situações possíveis de ocorrer durante o desenrolar do jogo. Os diversos terminais da árvore mostrarão, em cada caso, o resultado fornecido pelo jogo.

Esta representação permite indicar, de uma maneira bastante clara e simples, a forma do jogo no tocante à informação disponível por cada jogador ao tomar sua decisão. Os "conjuntos de informação" são acrescentados ao grafo da forma vista a seguir através de exemplos.

Nas figuras ilustrativas que seguem, referentes a jogos a 2 pessoas, S_1 indica o conjunto de situações que poderão se afigurar ao primeiro jogador, S_2 o correspondente conjunto referente ao segundo jogador, S_a o conjunto de situações nas quais o acaso poderá intervir, e S o conjunto de todos os nós terminais do grafo. Cada ponto de S corresponde a cada uma das diferentes "partidas" que o jogo possa vir a produzir. Os exemplos foram extraídos e adaptados do trabalho de Bekman (1970). Representação semelhante para jogos a mais de dois participantes seria, obviamente, também possível.

Na Figura A.1, temos um jogo em que o segundo jogador adota sua ação sem conhecer a escolha feita pelo primeiro. Assim, ao analisar o que fazer, deverá considerar os resultados que possam advir das duas situações em que possivelmente estará o jogo, em dependência da opção do primeiro jogador. O conjunto de informação do segundo jogador, portanto, não permite distinguir qual a situação do jogo, embora se possa assumir que o primeiro jogador tenha já definido sua ação.

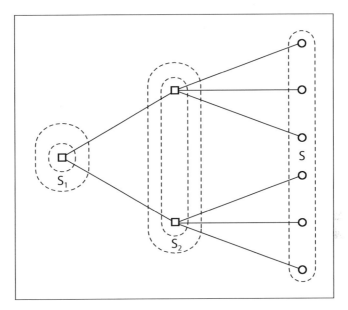

Figura A.1

Já na Figura A.2, o segundo jogador toma sua decisão após o conhecimento do primeiro. O segundo jogador tem apenas duas alternativas a analisar, enquanto que, no primeiro exemplo, havia seis possibilidades a aventar. No presente exemplo, é também admitida a interferência do acaso, o qual, como se observa, determinará o resultado final do jogo.

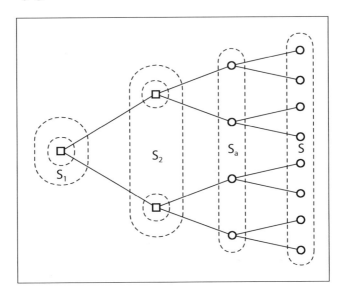

Figura A.2

ANÁLISE ESTATÍSTICA DA DECISÃO

Deve-se notar que um mesmo jogo poderá ser representado de mais de uma maneira. Assim, a Figura A.3 é equivalente à A.1. Esta equivalência decorre de que, no jogo considerado, ambos os participantes fazem sua escolha sem conhecimento prévio da opção do adversário. Em casos como este, a ideia de "primeiro jogador" deixa de ter significado que não simbólico.

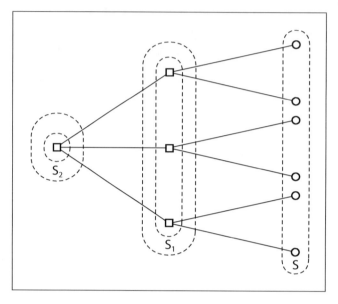

Figura A.3

Os exemplos dados correspondem a jogos extremamente simples e foram apresentados a título de ilustração. Em outros casos, o grafo necessário poderá se tornar extremamente grande. Porém, sempre poderá ser imaginado. Um jogo definido por um grafo arborescente completo, conforme mostrado, é dito na sua "forma extensiva".

A.4.2 *Representação matricial*

A representação matricial de jogos a duas pessoas é comumente apresentada pelos autores que tratam do assunto. Ilustrá-la-emos, também, através de exemplos simples.

Seja um jogo em que o primeiro jogador dispõe de três estratégias puras possíveis e o segundo, de quatro. O índice i ($i = 1, 2, 3$) designa a escolha do primeiro jogador e o índice j ($j = 1, 2, 3, 4$), a do segundo.

Para cada par (i, j) de estratégias escolhidas pelos dois jogadores, podemos considerar o resultado do jogo em termos do proveito obtido por cada jogador. Se o jogo for de soma constante, a representação pode ser simplificada, sendo os ganhos apresentados apenas do ponto de vista do primeiro jogador. Os resultados para o segundo são obtidos como consequência.

Apêndice

Assim, se a matriz dada na Tabela A.1 representar um jogo de soma zero, este será tal que, se o primeiro jogador optar pela sua estratégia 1 e o segundo pela sua estratégia 4, o primeiro receberá 10 do segundo; se o primeiro optar pela sua estratégia 3 e o segundo pela sua estratégia 3, o primeiro perderá 1 para o segundo etc. Nesta representação, cada estratégia pura do primeiro jogador corresponde à escolha de uma linha da tabela e, do segundo, à de uma coluna.

Tabela A.1: Jogo de soma zero

	$j=1$	$j=2$	$j=3$	$j=4$
$i=1$	3	0	2	10
$i=2$	4	4	3	5
$i=3$	12	8	-1	6

A Tabela A.2, por sua vez, representa um jogo de soma variável onde, em cada cruzamento de linha com coluna, são dados, respectivamente, os ganhos do primeiro e do segundo jogador.

Tabela A.2: Jogo de soma variável

	1	2	3
1	(2;-1)	(0; 1)	(-1; 2)
2	(1; 1)	(-1;1)	(-2; 1)

A.5 O TEOREMA DO MINIMAX

A.5.1 *Estratégias puras em equilíbrio*

Analisemos a Tabela A.1. Convencionaremos chamar sempre A ao primeiro jogador e B ao segundo.

Cada estratégia a ser adotada por A garantir-lhe-á um certo mínimo a ser recebido, qualquer que seja a estratégia adotada por B. No presente exemplo, estes mínimos são, respectivamente, 0, 3 e -1, para estratégias 1, 2 e 3 de A.

Da mesma forma, cada estratégia a ser adotada por B garantir-lhe-á um certo máximo a ser pago, qualquer que seja a estratégia de A. No exemplo, os máximos são, respectivamente, 12, 8, 3 e 10, para as estratégias 1, 2, 3 e 4 de B.

Portanto, para A, a estratégia que fornece o máximo mínimo proveito é sua estratégia 2 e, para B, a estratégia que fornece a mínima máxima perda é sua estratégia 3. Nessas condições as estratégias 2 (de A) e 3 (de B) são ditas em equilíbrio.

Caso exista, a situação de equilíbrio pode ser descoberta através do valor que, na matriz do jogo, seja simultaneamente o mínimo da sua linha e o máximo da sua coluna. Tal valor será dito o "valor do jogo". No presente exemplo, o valor do jogo é 3.

Costuma-se dizer que um valor com essas características corresponde a um ponto de sela, numa analogia com a sela de um cavalo. De fato, a sela do cavalo tem um formato tal que o seu ponto central representa um mínimo segundo um corte longitudinal e um máximo segundo um corte transversal.

O critério de adoção da estratégia de equilíbrio em casos como este é dito **maximin** (de maximização do ganho mínimo) ou **minimax** (de minimização da perda máxima), conforme o ponto de vista. Essas estratégias já foram citadas em 3.10.

Poderá haver mais de um par de estratégias em equilíbrio. Pode-se demonstrar, no entanto, que todos os pares porventura existentes conduzem a um mesmo valor do jogo. A matriz da Tabela A.3 é dada como exemplo desse fato. Os pares de estratégias (2, 2) e (3, 2) estão em equilíbrio. Entretanto, é de se esperar que o primeiro jogador opte pela estratégia 2, pois esta é, do seu ponto de vista, claramente dominante em relação à estratégia 3.

Tabela A.3

$$\begin{bmatrix} 0 & 1 & 5 \\ 5 & 3 & 6 \\ 4 & 3 & 4 \end{bmatrix}$$

Uma interpretação da situação de equilíbrio (dada por um par de estratégias puras) é a de que, sendo o jogo realizado repetitivamente, se qualquer dos jogadores, buscando melhorar o resultado do jogo a seu favor, passar a adotar outra estratégia que não a de equilíbrio, o adversário poderá fazer o "feitiço virar contra o feiticeiro" mudando, também, convenientemente, sua estratégia. Isto originaria uma sequência de mudanças de estratégia com tendência a recair nas estratégias de equilíbrio.

A existência de estratégias em equilíbrio às quais está associado um valor do jogo não implica uma recomendação implícita aos jogadores quanto à estratégia a adotar. A teoria não prescreve o que deve ser feito, mas, isto sim, o que pode ser conseguido. Estratégias que não estão em equilíbrio poderão eventualmente ser adotadas tendo em vista considerações diversas, tais como capacidade de análise do oponente, número de vezes em que o jogo vai ser realizado, personalidade dos participantes, etc. As estratégias maximin (do primeiro jogador) e minimax (do segundo jogador) ditadas pela teoria, no entanto, serão provavelmente as adotadas por jogadores essencialmente prudentes.

Conforme já sugerido acima, os conceitos de dominância e admissibilidade, apresentados em 3.8, podem ser utilizados para simplificar a análise, eliminando possibilidades inadmissíveis.

A.5.2 Caso *geral*

Dado um jogo na forma matricial, nem sempre existe um ponto de equilíbrio baseado em estratégias puras. Na Tabela A.4 damos um exemplo muito simples de tal fato.

Tabela A.4

$$\begin{bmatrix} 4 & 2 \\ 1 & 5 \end{bmatrix}$$

A implicação da não existência de um ponto de equilíbrio é a de que os participantes deverão considerar estratégias mistas, surgindo uma nova situação de equilíbrio em termos dessas estratégias mistas. Para maior clareza, vamos analisar o exemplo acima apresentado, supondo que o jogo deverá ser realizado inúmeras vezes.

Se ambos o jogadores estivessem dispostos a adotar sempre a mesma estratégia pura, A poderia garantir sempre um ganho mínimo através da adoção de sua estratégia 1 (este mínimo seria 2), e B poderia garantir sempre uma perda máxima através também da adoção de sua estratégia 1 (este máximo seria 4). Essa tomada de posições, no entanto, é insustentável, pois um jogador racional logo perceberia que poderia melhorar sua situação fugindo dessa condição estática. Assim, B, notando que A se fixava na sua primeira estratégia, tenderia a passar à sua segunda estratégia, na esperança de perder apenas 2 em cada vez. A, porém, por sua vez, ao perceber o novo procedimento de B, passaria a usar sua segunda estratégia, a fim de obter um recebimento de 5. Isto levaria B a voltar à sua primeira estratégia, etc.

Cientes de tal ciclo, os jogadores iriam racionalmente indagar quais as frequências relativas com que deveriam adotar cada uma das suas estratégias puras. Assim, A, cujo recebimento mínimo garantido é 2, passaria a usar uma estratégia mista, adotando, em cada realização do jogo, sua estratégia 1 com probabilidade x_1 e sua estratégia 2 com probabilidade x_2 ($x_1 + x_2 = 1$). Da mesma forma, B, cujo pagamento máximo garantido é 4, passaria a adotar sua estratégia 1 com probabilidade y_1 e sua estratégia 2 com probabilidade y_2 ($y_1 + y_2 = 1$). Nessas condições, o recebimento médio de A, igual ao pagamento médio de B, seria dado evidentemente por:

$$v = 4\,x_1\,y_1 + 2\,x_1\,y_2 + 1\,x_2\,y_1 + 5\,x_2\,y_2$$

Suponhamos, para efeito de raciocínio, que A adote $x_1 = x_2 = \dfrac{1}{2}$. Supondo que B adotasse sempre a sua primeira estratégia, o recebimento esperado de A passaria a ser $\dfrac{5}{2}\left(4 \cdot \dfrac{1}{2} + 1 \cdot \dfrac{1}{2}\right)$. Por outro lado, supondo que B adotasse sempre sua segunda estratégia, o recebimento esperado de A passaria a ser $\frac{7}{2}\left(2 \cdot \frac{1}{2} + 5 \cdot \frac{1}{2}\right)$. Adotando também B uma estratégia mista, então o recebimento médio de A seria um valor entre $\frac{5}{2}$ e $\frac{7}{2}$, dado por

$$E_A = \frac{5}{2} y_1 + \frac{7}{2} y_2.$$

Se supusermos, outrossim, que B adote a estratégia mista dada por $y_1 = y_2 = \frac{1}{2}$, veremos que E_B, o pagamento médio de B, será igual a 3, quer A adote estratégia pura ou mista.

Vemos que, adotando estratégias mistas, tanto A, cujo mínimo garantido original era 2, como B, cujo máximo garantido original era 4, conseguiram melhorar consideravelmente sua situação. O problema, no entanto, consiste em otimizar o resultado do jogo. O primeiro jogador deverá escolher x_1 e x_2 de forma a maximizar o ganho mínimo esperado e o segundo jogador, escolher y_1 e y_2 de modo a minimizar a perda máxima esperada.

O teorema do Minimax afirma que existirá sempre uma estratégia (pura ou mista) para o primeiro jogador que lhe proporcionará um recebimento médio de, no mínimo, v, e também uma estratégia (pura ou mista) para o segundo jogador que lhe garantirá um pagamento médio de, no máximo, v. as estratégias nestas conduções estarão em equilíbrio e o valor v é o valor do jogo, estendido ao caso geral de jogos sem equilíbrio baseado em estratégias puras.

No exemplo da Tabela A.4, as estratégias mistas de equilíbrio correspondem a $x_1 = \frac{2}{3}, x_2 = \frac{1}{3}, y_1 = \frac{1}{2}, y_2 = \frac{1}{2}$, conforme será mostrado na seção A.6.1. O valor do jogo é $v = 3$.

Finalmente, devemos frisar que, ao procurar ilustrar a questão do equilíbrio baseado em estratégias mistas, supusemos o jogo realizado repetitivamente. Tal pressuposição, no entanto, tem apenas finalidade didática, facilitando a visualização prática do problema. A definição de estratégia mista, conforme vista em A.2.2, prescinde a repetitividade do jogo, a qual, consequentemente, também não é necessária para efeito da consideração do Teorema do Minimax.

A.6 DETERMINAÇÃO DA SOLUÇÃO

Se um jogo, dado em sua forma matricial, apresentar estratégias puras em equilíbrio, torna-se simples determiná-las. Basta, para tanto, verificar o(s) valor(es) que é (são), ao mesmo tempo, mínimo de uma linha e máximo de uma coluna. Caso contrário, técnicas mais elaboradas deverão ser usadas para determinar as estratégias maximin (de A) e minimax (de B).

Vamos apresentar, de forma sucinta, as técnicas de solução. O caso de matrizes 2 x 2, por ser o mais simples, permite soluções bastante imediatas, extensíveis a matrizes 2 x m e m x 2, $m > 2$. Nos demais casos, recai-se, em geral, em um modelo de programação linear.

A eliminação de linhas ou colunas devido à dominância pode ser útil, reduzindo a dimensão do problema.

A.6.1 Matrizes 2 x 2

Neste caso, como $x_1 + x_2 = y_1 + y_2 = 1$, basta determinarmos x_1 e y_1. A solução pode ser obtida graficamente, processo que tem a vantagem adicional de ser bastante ilustrativo.

Retomemos o exemplo dado na Tabela A.4, abaixo reproduzida.

Tabela A.4

$$\begin{bmatrix} 4 & 2 \\ 1 & 5 \end{bmatrix}$$

Devemos determinar x_1, $0 \le x_1 \le 1$, de forma a maximizar o ganho de A, qualquer que seja a estratégia mista adotada por B. Seja E_1 o ganho esperado de A se B usar somente a sua primeira estratégia pura e E_2 o ganho esperado de A se B usar somente a sua segunda estratégia pura. Logo:

$$E_1 = 4 x_1 + 1 (1 - x_1) = 3 x_1 + 1 \qquad (A.1)$$
$$E_2 = 2 x_1 + 5 (1 - x_1) = - 3 x_1 + 5 \qquad (A.2)$$

As retas que representam as variações de E_1 e E_2 em função de x_1 podem ser traçadas em um gráfico, apresentado na Figura A.4. Os pontos entre as duas retas correspondem a valores do ganho esperado de A caso B adote também estratégia mista.

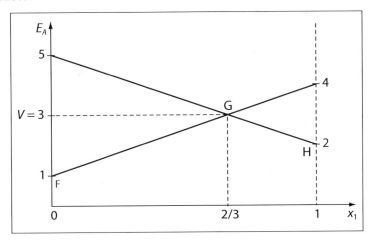

Figura A.4 – Ganhos esperados de A

ANÁLISE ESTATÍSTICA DA DECISÃO

A poligonal FGH dá os mínimos valores do ganho esperado de A em função de x_1. O máximo mínimo é atingido no ponto G com $x_1 = \dfrac{2}{3}$.

Esse resultado pode ser obtido analiticamente, igualando as expressões A.1 e A.2:

$$3x_1 + 1 = -3x_1 + 5$$

$$6x_1 = 4 \therefore x_1 = \dfrac{2}{3}$$

Análise semelhante para o jogador B levaria a:

$$E'_1 = 4y_1 + 2(1 - y_1) = 2y_1 + 2 \tag{A.3}$$

$$E'_2 = 1y_1 + 5(1 - y_1) = -4y_1 + 5 \tag{A.4}$$

$$2y_1 + 2 = -4y_1 + 5$$

$$6y_1 = 3 \therefore y_1 = \dfrac{1}{2}$$

O ponto de equilíbrio maximim/minimax é dado pelas estratégias mistas $\left(x_1 = \dfrac{2}{3}, x_2 = \dfrac{1}{3}\right)$ e $\left(y_1 = y_2 = \dfrac{1}{2}\right)$ e o valor do jogo pode ser obtido a partir de qualquer das equações assinaladas acima:

$$v = 3 \cdot \dfrac{2}{3} + 1 = -3 \cdot \dfrac{2}{3} + 5 = 2 \cdot \dfrac{1}{2} + 2 = -4 \cdot \dfrac{1}{2} + 5 = 3$$

Se considerarmos a matriz 2 x 2 genérica

$$\begin{bmatrix} a & b \\ c & d \end{bmatrix}$$

a solução acima vista pode ser obtida pelas expressões analíticas seguintes:

$$x_1 = \dfrac{d-c}{a+d-b-c}; \quad x_2 = \dfrac{a-b}{a+d-b-c}$$

$$y_1 = \dfrac{d-b}{a+d-b-c}; \quad y_2 = \dfrac{a-c}{a+d-b-c}$$

$$v = \dfrac{ad-bc}{a+d-b-c}$$

Apêndice

A.6.2 *Matrizes 2 x m ou m x 2*

Dada uma matriz 2 x m, o problema da determinação de x_1 é semelhante ao visto em A.6.1. Na solução gráfica, apenas haveria $m - 2$ retas a mais no diagrama, e o polígono dos mínimos valores esperados teria mais arestas. A existência de uma aresta horizontal ótima corresponderia a um intervalo de valores maximin para x_1.

No caso não degenerado em que x_1 (maximin) é único, as duas retas que determinam a solução correspondem às condições mais críticas no local. O valor minimax de B, devendo necessariamente ser igual ao valor maximin de A, estará, portanto, perfeitamente caracterizado por estas duas retas apenas. Logo, apenas as duas colunas correspondentes da matriz precisam ser consideradas e o jogo pode ser reduzido a uma matriz 2 x 2, com base na qual determinamos y_1 e y_2 ($y_1 + y_2 = 1$) associados a essas colunas.

Análogas considerações valem para matrizes m x 2.

Exemplo: Seja o jogo de soma zero definido pela matriz da Tabela A.5.

Tabela A.5

$$\begin{bmatrix} 1 & 4 & 4 & 5 \\ 3 & 1 & 2 & 0 \\ 1 & 4 & 3 & 3 \end{bmatrix}$$

Trata-se de uma matriz 3 x 4, porém que pode ser facilmente reduzida a outra, 2 x 3. De fato, vê-se que a terceira linha é, do ponto de vista do jogador A, completamente dominada pela primeira e pode, portanto, ser eliminada. Além disso, ao eliminar a terceira linha, vê-se que agora, do ponto de vista do jogador B, a segunda coluna pode também ser eliminada, chegando-se então à matriz 2 x 3 dada pela Tabela A.6.

Tabela A.6

$$\begin{bmatrix} 1 & 4 & 5 \\ 3 & 2 & 0 \end{bmatrix}$$

Os ganhos esperados de A em função das estratégias puras de B são:

$$E_1 = x_1 + 3(1 - x_1) = -2x_1 + 3$$
$$E_2 = 4x_1 + 2(1 - x_1) = 2x_1 + 2$$
$$E_3 = 5x_1 + 0(1 - x_1) = 5x_1$$

ANÁLISE ESTATÍSTICA DA DECISÃO

Na Figura A.5 estão representadas as retas correspondentes a essas equações. Nela vê-se claramente que a condição minimax para A é dada pela intersecção das retas E_1 e E_2, ou seja, E_3 não interfere na solução. Logo:

$$-2x_1 + 3 = 2x_1 + 2$$

$$\therefore x_1 = \frac{1}{4}$$

$$v = -2 \cdot \frac{1}{4} + 3 = 2,5$$

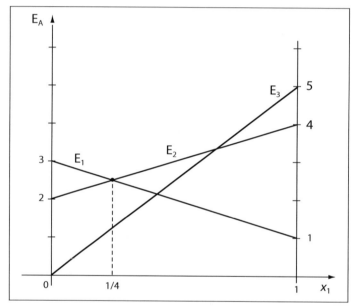

Figura A.5 – Ganhos esperados de A

A estratégia maximin de A é, pois, $\left(x_1 = \frac{1}{4}, x_2 = \frac{3}{4}\right)$. Para determinar a estratégia minimax de B, ignora-se a sua terceira opção, resolvendo-se para o segundo jogador o problema dado pela Tabela A.7, o que leva à estratégia $\left(y_1 = \frac{1}{2}, y_2 = \frac{1}{2}, y_3 = 0\right)$.

Tabela A.7

$$\begin{bmatrix} 1 & 4 \\ 3 & 2 \end{bmatrix}$$

A.6.3 Solução por programação linear

O problema geral da programação linear pode ser apresentado na forma:

maximizar $\sum_j c_j x_j$

sujeito a $\sum_j a_{ij} x_j \leq b_i$

$x_j \geq 0$

$i = 1, 2, ..., m$

$j = 1, 2, ..., n$

Ora, vimos na Figura A.4 que, ao procurar a estratégia ótima (maximin) de A, o fazemos através do ponto de máxima ordenada que não esteja acima de nenhuma das retas do diagrama. Chamemos de x à ordenada de um ponto qualquer do diagrama.

Logo, voltando àquele exemplo e relembrando que $x_2 = 1 - x_1$, o que se quer ali é:

maximizar x

sujeito a $x \leq 4x_1 + x_2$

$x \leq 2x_1 + 5x_2$

$x_1 + x_2 = 1$

$x_1, x_2 \geq 0$

Este problema pode também ser escrito conforme abaixo:

maximizar $0 x_1 + 0 x_2 + x$

sujeito a $-4x_1 - x_2 + x \leq 0$

$-2x_1 - 5x_2 + x \leq 0$

$x_1 + x_2 = 1$

$x_1, x_2 \geq 0$

O problema acima somente não se enquadrará no modelo geral de programação linear (com 3 variáveis x_1, x_2, x) se houver a possibilidade de $x < 0$, mas esta possibilidade pode ser eliminada de antemão, somando-se uma constante a todos os elementos da matriz do jogo, de forma a garantir para o jogo um valor positivo. Após obter a solução, o valor do jogo deverá, então, ser descontado dessa constante.

Note-se também que a restrição $x_1 + x_2 = 1$ pode, sem perda de generalidade, ser mudada para $x_1 + x_2 \leq 1$. O próprio método Simplex de solução encarregar-se-á de fazer com que esta restrição seja satisfeita sem folga, pois qualquer aumento nos valores de x_1 e x_2 é favorável do ponto de vista das restrições anteriores.

No caso geral de uma matriz $m \times n$, o problema de programação linear a ser resolvido seria:

maximizar x

sujeito a $\quad \sum_{i} a_{ij} x_i + x \leq 0$

$\quad\quad\quad\quad \sum_{j} x_i \leq 1$

$\quad\quad\quad\quad x_i, x \geq 0$

$\quad\quad\quad\quad i = 1, 2, ..., m$

$\quad\quad\quad\quad j = 1, 2, ..., n$

Os coeficientes a_{ij} acima são os elementos da transposta da matriz do jogo já ajustada para um valor do jogo positivo. Este pormenor pode ser notado analisando-se o exemplo utilizado.

A solução do problema primal acima fornece o valor do jogo e a estratégia mista ótima para o primeiro jogador. A estratégia mista ótima para o segundo jogador é dada pela solução do problema dual correspondente, a qual é também automaticamente obtida ao resolver-se o primal.

Evidentemente, isso pode ser feito comodamente utilizando os programas computacionais disponíveis para resolver problemas de programação linear.

Respostas aos exercícios

Capítulo 2

Exercício 1

a) $\dfrac{1}{12}$;   b) $\dfrac{2}{7}$

Exercício 2

a) $\dfrac{11}{81}$;   b) $\dfrac{16}{81}$

Exercício 3

a) $P(x) = \dfrac{9-x}{36}$

b) $P(x) = \left(\dfrac{7}{9}\right)^{x-1} \cdot \dfrac{2}{9}$

c) $P(x=k) = \dfrac{9-k}{36}, k = 1, 2, \ldots, 8$

$P(x=k) = \dfrac{2}{9} \cdot \left(\dfrac{7}{9}\right)^{k-1}, k = 1, 2, 3, \ldots$

Este é um exemplo da chamada distribuição geométrica (ver Costa Neto e Cymbalista, 2006)

Exercício 4

a) $\dfrac{1}{8}$;   b) $\dfrac{7}{8}$;   c) $\dfrac{5}{12}$

Exercício 5

a) $\dfrac{4}{45}$;   b) $\dfrac{1}{5}$;   c) $\dfrac{344}{2025}$

Exercício 6

0,493

Exercício 7

$\dfrac{7}{25}$

Exercício 8

$-\dfrac{184}{243}$; $\dfrac{7}{23}$

Exercício 9

$\dfrac{131}{245}$; $\dfrac{67}{131}$

Exercício 10

A) $\dfrac{21}{44}$;   B) $\dfrac{19}{44}$;   C) 0,221

Exercício 11

a) $\dfrac{5}{6}$ c) $\dfrac{3}{4}$

b)

x	P(x)
2	1/15
3	2/15
4	3/15
5	4/15
6	5/15

ANÁLISE ESTATÍSTICA DA DECISÃO

Exercício 12

a) 0,1066　　　b) 0,1626

c)

x	$P(x)$
2	0,0026
3	0,0088
4	0,0201
5	0,0394
6	0,0709
7	0,1223
9	0,1840
10	0,1840
11	0,1840
12	0,1840

Exercício 13

4,2;　　　4,86

Exercício 14

7;　　　$\dfrac{35}{6}$

Exercício 15

a) $\dfrac{1}{17}$;　　b) 2,98　　c) 1,502

Capítulo 3

Exercício 1

b) A, se lucro, D
   B, se lucro, C
   B, se lucro, D

c) A, se lucro D

Exercício 2

a) $\dfrac{40}{3}$;　　b) 0

c) Apostar sempre em moeda honesta.

Exercício 3

b) Olhar a carta. Se não for figura, abrir a urna; se for figura, abrir outra urna.

Exercício 4

a) 51;　　　b) 37,5

Exercício 5

- a_1 e a_3
- a_1 e a_4
- a_1 e, se x_1, a_3, se x_2, a_4
- a_1 e, se x_1, a_4, se x_2, a_3
- a_2 e a_3
- a_2 e a_4

Exercício 6

a) Sim. R$ 15.000,00
b) R$ 15.000,00
c) 0

Exercício 7

Estratégias de J_1:
- A, se R, Pg
- A, se R, F
- Ps, se A, Pg
- Ps, se A, F

Estratégia de J_2:
- Se A, R
- Se A, Pg
- Se A, F
- Se Ps, A
- Se Ps, Ps

Respostas aos exercícios

Não há estratégia inadmissível, pois inexiste dominância.

Exercício 8

a) Se $p \leq \dfrac{2}{3}, a_3$

   Se $\dfrac{2}{3} \leq p \leq \dfrac{3}{4}, a_2$

   Se $p \geq \dfrac{3}{4}, a_1$

b) 2,5

c) Para $p \leq \dfrac{2}{3}$, VEIP $= 4p$

   Para $\dfrac{2}{3} \leq p \leq \dfrac{3}{4}$, VEIP $= -5p + 6$

   Para $p \geq \dfrac{3}{4}$, VEIP $= -9p + 9$

d) Se x_1, a_1; se x_2, a_3. 1,14

Exercício 9

a) São 9: $(a_1, a_1), (a_1, a_2), (a_1, a_3), (a_2, a_1), (a_2, a_2), (a_2, a_3), (a_3, a_1), (a_3, a_2), (a_3, a_3)$

   Estratégias admissíveis: $(a_1, a_1), (a_1, a_2), (a_1, a_3), (a_2, a_3), (a_3, a_3)$

b) $(1,75; -3,25)$

c) $0 \leq p \leq \dfrac{8}{15} \longrightarrow (a_3, a_3)$

   $\dfrac{8}{15} \leq p \leq \dfrac{3}{4} \longrightarrow (a_2, a_3)$

   $\dfrac{3}{4} \leq p \leq \dfrac{12}{13} \longrightarrow (a_1, a_3)$

   $\dfrac{12}{13} \leq p \leq \dfrac{18}{19} \longrightarrow (a_1, a_2)$

   $\dfrac{18}{19} \leq p \leq 1 \longrightarrow (a_1, a_1)$

Exercício 11

a) Se x_1 ou x_2, a_2; se x_3 ou x_4, a_3

b) 0,425

c) 0,9

Exercício 12

a) 81

b) (a_2, a_2, a_3, a_3)

c) (a_3, a_3, a_1, a_1)

d) Não, a ação a_3 sempre deverá estar associada ao resultado x_4.

Exercício 13

a) a_1, a_5 (triviais), a_3

b) $0 \leq p \leq \dfrac{1}{2} \longrightarrow a_2, \quad p = P(\theta_1)$

   $\dfrac{1}{2} \leq p \leq 1 \longrightarrow a_4$

c) Se x_1, a_2; se x_2, a_4

Exercício 14

a) E' tal que $P(a_1) = \dfrac{1}{19}, P(a_2) = \dfrac{11}{19}, P(a_3) = \dfrac{7}{19}$

b) $P(\theta_1) = \dfrac{3}{8}, P(\theta_2) = \dfrac{5}{8}$

c) 0,9

Exercício 15

a) Código II

b) Código II: 8,75 > 8,00

c) 9,25

Exercício 16

a) $0 \leq p \leq \dfrac{2}{5} \longrightarrow a_3 \quad p = P(\theta_1)$

   $\dfrac{2}{5} \leq p \leq \dfrac{3}{4} \longrightarrow a_2$

   $\dfrac{3}{4} \leq p \leq 1 \longrightarrow a_1$

b) 5,4; 2,2

c) 0,8

ANÁLISE ESTATÍSTICA DA DECISÃO

Exercício 17

a) Extração sem reposição; se duas brancas ou uma de cada cor, indicar urna A; se duas pretas, indicar urna B. Ganho esperado 0,65 M.

b) Se bola branca, reposição; se segunda bola branca, indicar urna A; se segunda bola preta, indicar urna B. Se bola preta, sem reposição; se segunda bola branca, indicar urna A; se segunda bola preta, indicar urna B.
Ganho esperado 0,656 M.

Exercício 18

a) Comprar ações, R$ 114.000,00
b) R$ 4.000,00

Exercício 19

a) 54   b) 0,164

Exercício 20

a) R$ 300.000,00; opção II, fornecedor X
b) R$ 25.000,00
c) R$ 50.000,00
d) R$ 60.420,00
e) R$ 17.500,00

Exercício 21

a) $\dfrac{2b+c+d}{4}$; $\dfrac{(2b-c-d)^2}{16(b-a)}$

b) $\dfrac{2b+c+d}{4}$; 0

c) $x - \Delta x$; $\dfrac{a+b-c-d}{2} - \dfrac{(2b-c-d)^2}{16(b-a)}$

d) Idem c.

Capítulo 4

Exercício 1

a) Sim, se houver indiferença ao risco
b) Certa
c) Sim, se houver indiferença ao risco.
d) Certa
e) Certa

Exercício 2

p = 0,6

Exercício 3

Decisão a_2 independentemente de p fere o axioma de continuidade.

Exercício 5

Propensão ao risco, no sentido de a_3.

Exercício 6

a) Mostra que I é pior que III.
b) III

Exercício 7

a) Aversão   b) 3,798   c) 1,867

Exercício 8

a) 2,4; a_1
b) a_1 ou a_2;   1,8

Exercício 9

b) ~3500

Exercício 10

Código I;   4,685

Exercício 11

a_2;   5,4

Exercício 12

a) 30,5
b) A_1
c) 5,64

REFERÊNCIAS BIBLIOGRÁFICAS (1ª edição)

ARROW, K. J. *Social Choice and Individual Values*. New York: John Wiley, 1951.

BAYES, T. *An Essay towards Solving a Problem in lhe Doctrine of Chance* – Philosophical Transactins of the Royal Society, vol. 53, pp 370-418, 1763.

BERNOULLI, D. – *Specimen Theoriae Novae de Mensura Sortis* – Commentarii Academiae Scientiarum Imperialis Petropolitanae, vol. 5, pp 175-192, 1738. Traduzido por L. Sommer, Econométrica, vol. 22, pp 23-36, 1954.

BIRNBAUM, A. *Foundations of Statistical Inference*. Journal of American Statistical Association, vol. 57, pp 269-305, junho, 1962.

BRADLEY, J. V. *Probability; Decision; Statistics*. New Jersey: Prentice-Hall, 1976.

BRAVERMAN, J. D. e STEWART, W. C. *Statistics for Business and Economics*. New York: The Ronald Press Co., 1973.

CHRISTENSON, C. *Strategic Aspects of Competitive Bidding for Corporate Securities*. Boston: Division of Research, Harvard Graduate School of Business Administration, 1965.

FRECHET, M. *Rapport sur une Enquète Internacionale Relative a l'Estimation Statistique des Paramètres*. Intemational Statistical Institute, Proceedings of the Intemational Statistical Conferences. vol. III, Part A, setembro 6-18, Washington D. C., 1947.

HOWARD, R. A. *Decision Analysis: Applied Decision Theory*. Proceedings of the 4th Intemational Conference on Operations Research, Boston, 1966.

_____ *Dynamic Inference*. Operations Research, vol. 13, pp 712-733, setembro-outubro, 1965.

_____ *Information Value Theory*. IEEE Transactions on Systems, Science and Cybernetics, vol. SSC-2, pp 22-26, agosto, 1966, nº 1.

_____ *The Foundations of Decision Analysis*. IEEE Transactions on Systems, Science and Cybernetics, vol. SSC-4, pp 211-219, setembro, 1968, nº 3.

_____ *Value of Information Lotteries.* IEEE Transactions on Systems, Science and Cybernetics, vol. SSC-3, pp 54-60, junho, 1967, n° 1.

JAYNES, E. T. *Prior Probabilities* – IEEE Transactions on Systems, Science and Cybemetics, vol. SSC-4, pp 227-241, setembro, 1968, n° 3.

KEENEY, R. L. e RAIFFA, H. *Decisions with Multiple Objectives.* New York: John Wiley, 1976.

LAPLACE, P. S. *Memoire sur Ia Probabilité des Causes par les Événements* – Mem. Acad. R. Sci, Paris, vol. 6, pp 621 a 656.

LA VALLE, I. H. *On Cash Equivalents and Information Evaluation in Decisions under Uncertainty*, part I-III. Journal of the American Statistical Association, vol. 63, n° 321, março, 1968, pp 252-290.

LINDLEY, D. V. *Introduction to Probability and Statistics from a Bayesian Viewpoint.* New York: Cambridge University Press, 1965.

MATHESON, J. E. *The Economic Value of Analysis and Computation.* IEEE Transactions on Systems, Science and Cybernetics, vol. SSC-4, pp 325-332, setembro, 1968, n° 3.

MORGAN, B. W. *An Introduction to Bayesian Statistical Decision Processes.* New Jersey: Prentice Hall, 1968.

NORTH, D. W. *A Tutorial Introduction to Decision Theory.* IEEE Transactions on Systems, Science and Cybernetics, vol. SSC-4, pp 200-210, setembro, 1968.

PRATT, J., RAIFFA, H. e SCHLAIFER, R. *The Foundations of Decision under Uncertainty: an Elementary Exposition.* Journal of the American Statistical Association, vol. 59, pp 353-375, junho, 1964.

_____ *Introduction to Statistical Decision Theory.* New York: McGraw-Hill, 1965.

RAIFFA, H. *Teoria da Decisão* (trad.). São Paulo: Vozes, 1977.

RAIFFA, H. e Schlaifer, R. – *Applied Statistical Decision Theory.* Division of Research, Harvard Graduate School of Business Administration, Boston: 1961.

SAVAGE, L. J. *The Foundations of Statistics.* New York: John Wiley, 1954.

_____ *The Foundations of Decision Analysis Reconsidered* – Proceedings of the Forth Berkeley Symposium on Mathematical Statistics and Probability, Berkeley: University of California Press, 1961.

SCHLAIFER, R. *Analysis of Decision under Uncertainty*. New York: McGraw-Hill, 1969.

_____ *Probability and Statistics for Business Decisions: an Introduction to Managerial Economics under Uncertainty*. New York: McGraw-Hill, 1959.

WILSON, R. *Decision Analysis in a Corporation*. IEEE Transactions on Systems, Science and Cybernetics, vol. SSC-4, pp 220-226, setembro, 1968.

REFERÊNCIAS BIBLIOGRÁFICAS (2ª edição)

BEKMAN, O. R. *A Decision Analysis Approach to Two Person Games*. Tese de Doutoramento, Stanford University, California, USA, 1970.

COSTA NETO, P.L.O. (org.) *Qualidade e Competência nas Decisões*. São Paulo: Blucher, 2007.

_____ *Estatística*. São Paulo: Blucher, 2002, 2ª ed.

COSTA NETO, P.L.O. e CYMBALISTA, M. *Probabilidades*. São Paulo: Blucher, 2006, 2ª ed.

FIANI, Ronaldo *Teoria dos Jogos*. Rio de Janeiro: Campus/Elsevier, 2006, 2ª ed.

HILLIER, F. S. e LIEBERMAN, G. J. *Introdução à Pesquisa Operacional*. Rio de Janeiro: Campus, 1980.

NEUMANN, J. e MORGENSTERN, O. *Theory of Games and Economic Behavior*. New York: Wiley, 1967.